零基础玩转短视频运营变现

徐浪 著

天津出版传媒集团
天津科学技术出版社

图书在版编目（CIP）数据

零基础玩转短视频．运营变现 / 徐浪著．-- 天津 ：天津科学技术出版社，2025．4．-- ISBN 978-7-5742-2868-9

Ⅰ．TN948.4；F713.365.2

中国国家版本馆CIP数据核字第2025231VH9号

零基础玩转短视频．运营变现

LINGJICHU WANZHUAN DUANSHIPIN.YUNYING BIANXIAN

责任编辑：刘　颖

出　　版：天津出版传媒集团
　　　　　天津科学技术出版社

地　　址：天津市西康路35号

邮　　编：300051

电　　话：（022）23332695

网　　址：www.tjkjcbs.com.cn

发　　行：新华书店经销

印　　刷：天宇万达印刷有限公司

开本 670×950　1/16　印张 12　字数 120 000

2025年4月第1版第1次印刷

定价：49.80元

前言

在互联网高速发展的当下，短视频行业也迎来了飞速发展，抖音、快手等短视频平台持续涌现，越来越多的人在闲暇之余刷起了短视频。短视频的火爆甚至使人们的生活方式与认知方式悄然发生转变。

短视频究竟有多火呢？根据第 54 次《中国互联网络发展状况统计报告》，截至 2024 年 6 月，我国短视频用户规模已达 10.50 亿人，这着实是一个极为庞大的数字。由此可见，短视频已经成为人们生活中不可获缺的一部分。

正是目睹了短视频行业的迅猛发展，越来越多的人投身于短视频行业，他们期望借助短视频创业来实现财务自由。事实也的确如此，有很多人成功了，他们在短短的几年间，从一无所有到成为短视频领域的“大 V”，通过接广告、做电商，利用流量实现了变现。可以说，抓住这个时代机遇，普通人也能拥有诸多腾飞的可能。只要具备好的创意和制作优质短视频的决心与毅力，每个人就都能够在短视频领域彰显自己的价值。

不过，发展至今，短视频平台已然呈现饱和状态，即便是主流的几个短视频平台也不例外。随着越来越多短视频创作者的涌入，一条短视频想要成为爆款也变得愈发困难。总体来说，在当下的短视频平台中，想要脱颖而出离不开精心的运营。所以，若想踏入短视频行业，我们就一定要注重以下方面。

①找准定位：短视频领域繁多，哪个领域才是最适合自己的？想明白这一问题至关重要，毕竟只有从事自己最擅长的领域，才更有可能胜出。因此，找准定位，是每个初入短视频行业的新手要做的第一件事。

②打造人设：一个出色的人设，能让自己与众不同、极具辨识度。以合适的身份、形象展示自己，与账号内容相符，并给观众留下良好的印象，这是成功“出圈”的关键所在。

③搭建团队：在不同阶段合理配置团队成员，这既是一种管理艺术，也是每个短视频运营者必须掌握的技能。有了精良的团队，再加上优秀的管理，更能创作出火爆的作品。

④确定选题：什么样的选题容易出爆款呢？我们可以从直击观众“痛点”的角度去思考和挖掘。只有懂得如何衡量选题的价值，善于寻找素材，并避开选题策划中的误区，你的内容才能更受欢迎。

⑤创作内容：内容是短视频的核心竞争力，想要崭露头角，就必须依靠优质的内容。因此，我们要根据脚本用心构思，用短视频展现好每一个创意，用持续的优质内容去吸引观众。

⑥后期包装：拍完短视频直接上传，效果不佳？那是因为你没有通过后期制作为作品增光添彩。一个好的短视频一定离不开剪辑，横屏、竖屏展示的效果不一样，不同的音乐营造的氛围也不一样，优质封面更能打动观众，这些都是需要去践行的。

⑦运营推广：如今再好的酒也怕巷子深，在短视频竞争激烈的环境下，运营推广是一件非常重要的事情。如果不能尽快让发布的作品热度上升，那么就有可能真的沉下去起不来了。

⑧流量变现：相信大多数短视频创作者都希望尽快实现变现，所以，在进入短视频行业初期，大家非常有必要了解

流量变现的各种方式，提前做好变现的准备。

⑨直播带货：做短视频并非一定要做直播带货，但直播带货无疑是最有效的变现方式。直播带货做得好，可以获得巨大的收益。直播带货堪称短视频流量的终极变现方式。

以上这 9 个方面就是本书要为广大读者呈现的内容，希望能够为已经涉足短视频领域或想要进入短视频行业的朋友提供一些启发和帮助。只有真正了解规则、熟悉运营技巧，才能在激烈的竞争中脱颖而出，成为真正的赢家。

目录

第1章 找准定位：玩转短视频的第一步

第2章 打造人设：让你的账号与众不同

第 3 章 搭建团队：众人拾柴火焰高

第 4 章 确定选题：找到观众的“痛点”很关键

第 5 章 创作内容：好的内容才能持续吸引观众

第8章 流量变现：实现短视频的商业价值

第9章 直播带货：短视频账号的终极变现方式

第 1 章

找准定位：玩转短视频的第一步

1.1 如何选择短视频平台

一个人或许可以一整天足不出户或一顿饭都不吃，但很难忍住一天不看手机，这便是大多数人当前的真实状态。

在人们被手机“支配”的时间里，花费在各类短视频 App 上的时间愈发增多。只需动动手指，人们就能在短视频 App 中满足娱乐、社交、购物等需求。也正因如此，许多人嗅到了短视频所蕴含的商机，纷纷尝试借助短视频实现变现。

那么，在众多短视频 App 中，该如何挑选出适合自己的平台并进行深耕细作呢？

图 1-1 简单地呈现了国内各大视频 App 的媒体属性和社交属性之间的关系。

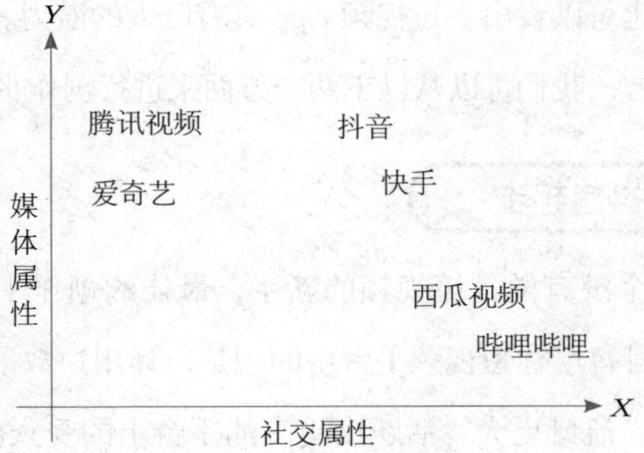

图 1-1　各大视频 App 的媒体属性和社交属性

其中，长视频 App 中的爱奇艺、腾讯视频，它们的媒体属性较强，社交属性较弱，通常被人们当作获取信息的媒介。

图 1-1 右下角的西瓜视频、哔哩哔哩，它们的社交属性要强于媒体属性。其内容主要是用户自发上传的视频作品。它们在社交方面做得极为成功，已成为许多年轻人的交友互动社区。然而，其媒体属性相对较弱，许多热点事件并不会第一时间在这些平台上发布。

处于图 1-1 右上角位置的是抖音、快手这两个短视频 App，它们的社交属性和媒体属性都较强。一方面，众多媒体运营的短视频账号会在第一时间于这些平台上发布重大新闻，事件的亲历者也可以通过发布短视频分享自己的经历。另一方面，观众与发布者之间的互动性很强，可以通过私信、评论等方式抒发自己的见解和评论。

通过对比可以看出，短视频 App 具有巨大的潜力。因此，对于运营新手而言，我们可以从以下两个方面来进行创作平台的选择。

1. 从抖音起步

对于一个没有做过短视频的新手，最佳的创作平台非抖音莫属。当下，抖音堪称短视频平台中的翘楚，其用户数量和日活跃量均名列前茅。流量更大、活跃度更高的平台上的受众会更为广泛，短视频“火出圈”的概率也因此会大大提高。

目前，抖音已不仅仅是一个娱乐平台，更是一个电商购物平台。在拥有了大量用户后，抖音开始凭借自身庞大的用户群体实现流量变现，如与各大企业联合运营、吸引商家入驻等。所以，如果创作者在抖音拥有大量粉丝，变现就并非难事。

2. 不要忽视其他平台

进军短视频领域，从抖音入手是一个不错的选择，但这并不意味着可以忽视其他平台。比如，有不少创作者在抖音上发布的短视频反响平平，但同样的内容在快手上却非常火爆。

因此，在抖音上发布短视频后，可以将短视频同步更新至快手、小红书、微信视频号等流量相对少一些的短视频平台，这并不会耗费太多时间，但极有可能带来意外之喜。此外，今日头条和微博也是上佳之选，我们可依据自己短视频的内容和受众，在这些平台进行尝试。

总而言之，尽管当下短视频平台数量众多，但出色的仅有几个，每个平台都有独特的属性和优势。运营新手在起步阶段，不要过度分散精力，应该在综合考量后选择一个最契合自己的平台用心经营，做好内容。

1.2 用 SWOT 分析法快速定位

决定做短视频很容易，但做什么内容却是让很多运营者头疼的一件事。面对短视频领域里的众多类目，什么样的内容更容易火爆？什么样的内容更适合自己？可以说，做好内容定位是账号运营成功的关键因素之一。

那么，我们应该如何做好内容定位呢？这里介绍一个 SWOT 分析法。

1. S：挖掘自身优势

“S”即“Strengths”，是“优势”的意思，其实就是我们所擅长的领域。每个人都有自己的特长，有的人擅长歌舞，有的人极富搞笑天赋，有的人是某个领域的专家……总之，我们要找出自己的优势并把它们展示出来。

所谓的优势，不一定就特指专业的技能，有自己的特点也是可以的。想要发现自身的特色，我们可以借鉴或参照自己感兴趣的达人。比如，在平时刷短视频的时候，多留意一些与自己兴趣相同的达人发布的短视频，然后进行翻拍，在这个过程中加入自己的特色，从而打造出个人 IP（Intellectual Property，知识产权，该词的含义在互联网上已经有所引申）。

“短”知识分享

兴趣是最好的老师，做短视频一定要结合自己的兴趣。你的兴趣不仅能够给你提供做下去的动力，还能帮你持续生产内容。当然，你的兴趣一定要足以支撑你的内容深度。

2. W：分析自身劣势

“W”即“Weaknesses”，是“劣势”的意思。分析自身的劣势，一方面是了解自身的不足之处，另一方面是扬长避短，避开自己的劣势。说到劣势，其实人人都有，我们不必太担心，完全可以规避它。当然，也可以把它当作一个标签，即“自嘲”，有时候甚至可以产生意想不到的效果。

3. O：评估胜出机会

“O”即“Opportunities”，是“机会”的意思。我们需要评估要做的内容是否有机会火起来，或者说成功的机会有多大。虽然每个领域都存在机会，但自己能在哪个领域有更大的胜算，我们心里还是要有一定的预估。

如果觉得热门板块机会多，我们可以每天关注各大短视频平台的热门榜单，发布与热搜相关的内容，以获得更多的推荐机会；如果觉得自己在相对冷门的板块有优势，那就努力在该板块成为头部账号。总之，在定位时提前评估一下胜出的机会是非常有必要的。

4. T：了解同类威胁

“T”即“Threats”，是“威胁”的意思。任何一个领域都存在竞争，在我们确定定位之后，要多去研究同类创作者，看看他们的内容有什么特色、对自己账号的威胁是什么，从而避免与他人的内容重复，争取做出差异化。只有独一无二，才有胜出的可能。

运用 SWOT 分析法，我们了解了自身的优势与劣势，进而找到更适合自己的领域，并避免“踩坑”；我们能对一个领域做出正确的机会评估，进而找到机会，为成功奠定基础；我们可以充分了解同类账号，进而做出自己的特色。

1.3 分析目标受众的需求

做短视频，一定要分析目标受众的需求，只有当我们知道目标受众是谁、目标受众想要什么，我们在创作内容的时候才能做到心中有数、行动有方向、策划有目标。如果只跟着自己的感觉走，一味做“自嗨”型的创作者，是很难获得成功的。

通常情况下，不仅不同赛道的目标受众需求是不同的，同一个赛道目标受众的需求也会有所不同。比如，一个汽车类短视频账号，如果在内容上专注于汽车产品推广，那么针对的目标受众就是有购车需求的人，他们的需求就是购买适合自己的汽车；如果在内容上专注于汽车销售技巧讲解，那么针对的目标受众就是销售汽车的人，他们的需求就是更好地卖出汽车。

所以，在创作短视频内容前，要先分析目标受众的需求，这是很重要的。一般来说，目标受众对短视频内容的需求可以细分为以下四大类。

1. 以娱乐为主，打发时间

娱乐性是大多数观众对短视频内容的基本要求，就像玩游戏一样，刷短视频也是为了打发时间、获得快乐。针对这样的目标受众，短视频内容只要足够有趣就行。因此可以是幽默搞笑的段子、生活中的各种“囧事”等。这样的短视频很容易获得目标受众的点赞和关注。

2. 获取时事热点信息

有了短视频之后，社会上的各种时事热点很快就能传播到各个角落，人们不再需要通过电视新闻来了解这些信息。短视频直观、明了，更重要的是传播速度比传统媒介要快得多，因此能帮助人们及时了解时事热点。

3. 获得相关专业知识或技能

除了打发时间和获取时事热点信息，观众观看短视频还可能是为了获得相关专业知识和技能。“你想知道如何理财吗？”“如何才能做出美味的烘焙食品？”“考研如何才能‘上岸’？”诸如此类的专业技能都能从短视频中获得。只要你是这些领域的从业者或有某方面的特长，都可以通过短视频将经验分享给目标受众。

4. 寻求消费引导

随着产品越来越丰富，大家想要购买性价比更高的产品该怎么办呢？浏览产品推荐和测评类短视频是一个不错的方法。事实上，在短视频平台不断商业化的当下，通过短视频平台购物的观众越来越多。通过观看相关短视频，观众可以对一些产品的基本信息、优惠信息及购买价值等有一个基本的了解，从而帮助自己做好如何消费的决定。

了解了目标受众对短视频内容的需求之后，我们要争取让平台将内容推送给更多目标受众。这需要我们采取下列措施。

（1）站在目标受众的角度思考

我们可以把自己切换到目标受众的身份，从目标受众的角度观看自己制作的短视频并进行客观思考，记录想法和需求；然后再回到创作者的身份，对刚才的想法和需求进行理性分析，并想方设法满足目标受众的需求。

（2）借助数据分析

有时候，内容创作者与目标受众是对立的，创作者认为好的内容，目标受众不一定喜欢，目标受众喜欢的内容，创作者可能觉得没有价值。想要解决这个问题，一定要借助后台数据对目标受众的需求进行深入分析，因为数据会反映最真实的情况。

（3）调整短视频内容

创作者要根据目标受众的需求及时调整短视频内容。如果目标受众希望通过观看短视频获得一定的技能，那我们就尽量往专业的方向去做；如果目标受众想了解产品的特点，那我们就应该对产品进行全方位介绍。

1.4 为什么要深耕垂直细分领域

在几乎所有的短视频 App 中，泛娱乐的内容都很多。但是你发现了吗？这些短视频只能给你带来当下的快乐，刷过之后就很难记住它们了。相反，那些具备垂直度、有深度的短视频内容则会在你的脑海里留下深刻的印象。

为什么流于表面的娱乐类短视频容易让人忘记呢？这是因为这类短视频主要以娱乐为主，制作简单，没有稀缺性，很容易被同类的短视频取代。所以，创作者在制作短视频时，只有深耕垂直细分领域，才有利于形成自己的特色，拥有稀缺性。

观众是流量变现的基础，但是吸引观众并维持观众黏性是一件比较困难的事。尤其是对于那些刚加入短视频行业的内容创作者，很多观众对其关注只是一时兴起，或对其某一个作品感兴趣，如果创作者后期不能创作出更多优秀的作品，那么观众就有可能取消关注。

要想解决这个问题，一个很好的办法就是深耕垂直细分领域。从短视频的发展趋势来看，深耕垂直细分领域是一种必然选择。这里的“深耕”并不是指将短视频的内容做得非常深刻，而是指创作者在某个领域里长时间打磨，持续深入挖掘，并且保持精良的制作。这样产出的作品自然能够持续不断地吸引观众，从而维持观众黏性。

不管做哪个领域，一旦我们确定好了定位，就应该坚持深入地挖掘下去，这样才会有源源不断的选题。如果打一枪换一个地方，不但偏离了定位，没有收获精准的观众群体，而且自身也很难持续下去。

在进行账号定位的时候，我们可以从以下两个方面做好账号的垂直细分。

（1）从宏观层面丰富内容

我们可以通过深入挖掘相关领域的知识，将短视频内容逐渐丰富起来，设置不同栏目，提高账号在相关领域的影响力和全面性。

（2）从微观层面做好细化

为了让短视频呈现出更好的效果，我们要对短视频进行两个方面的细化工作。

①短视频的出镜人员，应该尽量选择那些具有辨识度、演技在线的人员。所谓辨识度，就是拥有自己的特色，容易让观众看一眼就记住。

②对短视频素材进行细化。如果素材数量较多，可以将其进

行整合，从而创作出一个丰满的故事；如果素材数量较少但内容精彩，可以将其进一步细化。比如，针对测评类短视频，创作者可以增加一些最新产品的推荐、当下需要“避坑”的产品排行等。

1.5 差异化定位，做出自己的特色

随意打开一个短视频 App，搜索任意一个主题，你会发现一大串相关的内容，而且几乎个个都是爆款。由此可见，当下各个领域内的爆款内容比比皆是。如果你想从零开始做一个短视频账号，可以分析拥有百万、千万粉丝的账号都在做什么，深入地研究这些账号的成功之处，然后结合自己的特色，展现与众不同的内容，即做好差异化定位。只有这样，你才有机会从众多竞争者中脱颖而出。

那么，如何才能做好差异化定位呢？我们可以从以下三个方面入手。

1. 找到突破口

首先，我们需要仔细分析爆款短视频并思考：为什么这些短视频能这么火，有什么特色，优势在哪里？它们存在哪些不足，有哪些遗漏的内容？这些问题的答案就是我们要找的突破口。

通常来说，短视频的差异化定位必须符合三个要素：一是契合目标受众的需求；二是同类短视频账号没有涉及的领域；三是简单易懂。

比如，某个短视频创作者靠着黑暗料理吸粉上百万，在他的短视频内容中，青苔、树皮、仙人掌……都被拿来做菜。他的许多短视频都收获了上百万的浏览量，可谓个个都是爆品。短视频的火爆也为他带来了商业变现，他开始在平台上销售一些日常生活用品、农产品等。他无疑找到了自己账号内容与其他账号内容的差异所在。

2. 利用差异化抢占观众资源

有了差异化的内容才能占领一定的市场份额，进而抢占观众资源。那么，具体应该怎么做呢？

一是把自己放在一个恒定的领域中。恒定领域一般变化不大，比较稳定，风险也相对较小。而在快速变化的领域中，即便能做到第一，也可能随时因“玩法”的改变发生策略、模式的根本性变化，导致瞬间跌入谷底。

二是寻找恒定领域里的稀缺资源。每个创作者都想做大做强，因此，抢占更多的市场份额和观众资源是我们的重要目标。所以，我们要考虑自己选择领域的市场前景，然后在里面找到难以规模化的稀缺资源，并通过规划和操作来获取它们。

3. 围绕自身定位做出特色

为了吸引粉丝，很多创作者急于求成，一味地模仿或跟风，反而失去了自己的风格，即便偶尔能有一条爆款短视频，粉丝在打开其主页观看时，也会因为发现其风格太乱而不再关注。

所以，在创作短视频的时候，一定要围绕自身的定位做出特色。无论我们想要做什么样的差异化内容，都不能脱离自身的定位，只有这样才能打造出一个稳定的、有自身特点的 IP 形象。

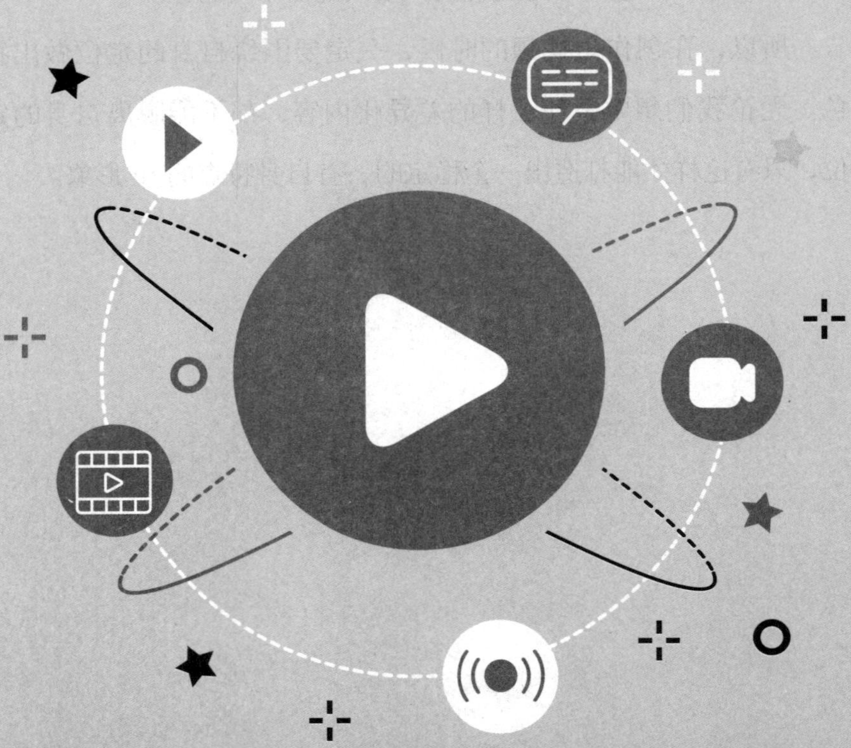

第 2 章

打造人设：让你的账号与众不同

2.1 人设即标签，是“出圈”的关键

如果说，短视频内容的好坏决定了账号粉丝数量的多少，那么良好的人设则可以起到锦上添花的作用。当下 IP 概念盛行，打造一个良好的人设可以更好地获取流量，并将观众转化为粉丝。那么，什么是人设呢？

人设最早是用在动画角色上的，即给每一个角色做一个人物设定，包括外貌、个性等。短视频账号中的人设，是针对个体的信息整合，是通过各种信息传播渠道刻意塑造出来的一个个体最核心、最重要和最有价值的“形象标签”。

很多网红达人都是由经纪公司塑造出来的。由此可见，人设是可以被设计出来的。

不过，对于观众来说，一个账号的人设并不是凭空想象出来的，而是可以通过观看短视频内容真实感受到的。因此，账号发布的每一条信息，与观众之间的每一次互动，都属于人设的一部分。

要想打造一个鲜明的人设，需要整体的规划和持续的贯彻。好的人设对账号有着十分重要的作用，具体如下。

1. 提高“出圈”的概率

当下，短视频内容同质化严重，观众刷短视频主要是为了消磨时间，他们并不愿意多花费时间去研究一个账号，而好的人设则可以让观众快速记住该账号。

人设就是标签的组合。如果我们找到有传播度、符合账号目标定位的标签，然后将其体现在每一个短视频中，并让观众感知到，就可以极大地提高账号“出圈”的概率。

2. 促进观众建立信任

任何时候，观众都非常看重产品的质量。如果只是通过短视频宣传产品的成分、功能，甚至理念，观众不一定会认同，因为很多观众在做消费决策时，都是基于对短视频创作者的信任。好的人设可以促进观众建立对创作者的信任，进而购买该创作者推荐的产品。

3. 有助于创立个人品牌

创立个人品牌是很多短视频创作者追求的目标。无论在哪个领域，只要我们能够持续地输出有价值的内容，就能不断地获得该领域的忠实粉丝。而随着粉丝的不断增长，人设的影响力也在不断增加，个人品牌也就随之建立起来了。

2.2 三个步骤树立人设，提升自身辨识度

既然人设对短视频账号如此重要，那么，应该如何建立属于自己的人设呢？我们可以分以下三个步骤来进行。

1. 明白“我是谁”

打造一个账号的人设，就相当于建立一个 IP。而想要建立 IP，第一步就是搞清账号的定位，即明白“我是谁”。找到自己在互联网中所处的位置，然后通过账号内容的差异化强化观众的记忆。

想要弄清楚“我是谁”这个问题，我们可以从基础画像、家庭身份、社会身份来展开分析。

（1）基础画像

基础画像就像一张身份名片，包括性别、年龄、地域等，是每个活跃在互联网的观众都具有的标签。

（2）家庭身份

每个人在家庭中都扮演着不同的角色，家庭身份可以帮助我们获得观众的认同和共鸣，打造人设。比如，有些爆火的短视频账号就是充分利用家庭身份打造的人设，其作品内容主要是几个家庭成员的日常生活。

（3）社会身份

每个人在社会中都有自己的职业，如厨师、律师、讲师等。社会身份同样可以成为人设，比如，某短视频创作者以一个普法者的形象向公众讲解各类法律事件，获得了上千万粉丝。

2. 了解“我有什么不同”

“我有什么不同”，也就是人设的差异化。任何事物都不可能十全十美，与其追求一个完美的人设，不如追求一个与众不同的人设。创作者在树立人设的过程中，如果能解决差异化的问题，就能大大提升观众的关注度。

差异化说起来容易，但要真正做到却有一定的难度。我们习惯于通过自己的视角看世界，因此很多时候难以发现自己与他人的不同，或者看不清楚自己的优势在哪里。如何解决这个问题呢？我们可以尝试从以下两个方面入手。

（1）结合自身特点寻求差异化

每个人都有自己的特点，我们可以和身边的人聊一聊，通过他们发现自己身上与众不同的地方，然后根据这些信息找到自己与他人的差异所在。

（2）利用外在表现寻求差异化

外在表现包括场景、形象、语言、动作等。场景可以强化人设，比如，同一个人在农村和城市中呈现出的气质可能就不一样；独特的形象可以加深观众的印象；语言（标语）的力量可以像钉子一样，深深扎进观众的心里；独一无二的动作可以强化人设的风格和特点。

3. 做真实的自己

树立人设并不是一两天就能完成的，需要长期坚持，只有自己真正喜欢、真实的人设才能确保我们持之以恒；如果是自己都不喜欢的、虚伪的人设，那么很难坚持下去 。

因此，在树立人设的时候，一定要从自身出发，不要伪装。我们可以多多展示自身好的一面，规避不好的一面，但千万不要伪装，也不要过分夸大事实。

每个人身上都有闪光点，态度越真诚，就越容易获得观众的信任，也就越容易实现流量变现。所以，一定要做真实的自己。

2.3 人设的呈现方式与定期调整

1. 人设的呈现方式

当我们明确了账号的定位以及人设的形象后，接下来就是如何将它呈现出来。我们可以通过以下三个方面来呈现我们的人设。

（1）头像

头像会给观众留下第一印象，所以你的头像最好是与自己账号的人设相符。一般来说，最好是能让观众通过头像判断出创作者的身份，因此不要用含义比较模糊的图片。比如，你是一位摄影师，头像可使用拿着相机拍摄的形象；你是一位厨师，可选择掌勺烹饪的形象。如此一来，便能让观众一眼就清楚你的人设。

（2）昵称

账号的昵称也是一个能很好体现人设的元素。好的昵称不仅可以凸显账号的特点，还便于观众记忆和传播。因此，在给账号取昵称的时候要注意两个要点：一是要好记，最好让观众看一眼就能记住；二是要展示人设和价值，让观众一看昵称就知道这个账号是做什么的，是不是自己想关注的。

知道了这两点，就可以通过昵称呈现人设，并以此来提升观众的关注度。这里给大家提供一个简单的取昵称思路——“名字＋职业/领域”，这样的昵称只需一眼就能让观众知道该账号是做什么的。

（3）简介

头像和昵称展示的信息毕竟有限，简介可以更详细地展示账号的独特之处、内容定位和价值等。当观众对你的短视频感兴趣时，他们就会进入你的账号主页做进一步了解，这个时候，呈现在观众眼前的简介就可以更全面地展示你的人设。

一个好的简介对账号的影响是很大的。大家一定要用心雕琢简介内容，放大自身的优势，给观众一个关注你的理由。

2. 人设的优化和调整

人设的树立和呈现，并不是一成不变的。这是因为在打造人设的过程中，我们很难一下子就找准自己的优势，并同时符合观众的需求，而是需要不断地测试和调整。比如，一个美妆领域的账号，一开始可能只是日常分享，随后是好物推荐，最后发展为美妆带货。

所以，针对账号的人设，我们可以先找到一个大的方向，然后不断地实践，在实践中验证自己的想法，并根据粉丝的反馈和评论不断优化，慢慢找到最适合自己的那个人设。

2.4 不断强化人设，打造独特的个人 IP

当我们找到最真实、最能体现自己特点和魅力的人设后，如何能够让观众记住我们呢？这就需要我们在运营的过程中不断强化自身的人设，打造个人 IP。那么，如何强化人设呢？

1. 从个人形象入手，展示独特的一面

形象是个人 IP 最重要的东西。当下，发布在各个短视频平台的爆款作品中都有独特的个人形象，不管是高颜值，还是“接地气”，只要有足够的特点，美的、丑的形象都有可能获得观众的喜爱。可见，一个人的形象气质对自身在短视频平台上的传播有很大的影响。

如果个人颜值较高，就尽量把自己好看的一面展示出来，大多数观众对美的事物总是难以抗拒的；如果颜值没有那么出众也不要紧，我们可以把自己专业的一面展示出来。

如果想让观众关注你，就必须试着强化你的形象，即给观众留下深刻的第一印象。观众刷到你的账号或内容时，很大程度上最先关注的是你的形象。很多观众是在对你的形象表示认可后才会耐心地看完你的短视频的。

比如，一位名牌大学的教授，穿着像一位艺人，说话非常夸张，举止十分轻浮，这样的形象就很难让人接受；如果这位教授换上正式的西装，说话语速沉稳一些，表现谦虚一些，那么观众的好感度就会增加不少。

2. 从场景入手，营造符合人设的氛围

一个人的外在形象可能很难彻底改变，但场景是可以随意变化的。场景打造得好，可以为人设的强化起到锦上添花的作用。针对场景，最重要的就是要符合人设的身份。

在拍摄短视频的过程中，场景通常都是相对固定的。如果你是一位品酒师，场景应该是陈列着各种酒的酒店；如果你是一位企业家，场景应该是一个高端的办公室；如果你是一位教师，场景应该是安静的教室，等等。

与人设相得益彰的场景设置会给观众留下更好的印象。虽然场景是相对固定的，但我们可以根据需要随时进行改进。比如，初期资金紧张时，场景可以简单一些，等账号的流量涨起来之后，资金充足了，就可以打造一个更高端、专业的场景。

3. 从记忆点入手，让观众记住你

什么是记忆点？简单来说，就是你与众不同的地方，可以是你的动作、语言等。这些独特的记忆点，可以让观众在短时间内就能记住你。比如，某教育类达人的短视频总是给人一种激情澎湃的感觉，伸手的动作也非常经典，让人记忆深刻。这就是他特有的记忆点，使得观众很容易就能记住他的人设。

因此，在强化人设的过程中，我们可以放大自身一些比较有特色的动作、语言等，以加强观众对我们的记忆。

4. 从内容入手，用内容说话

打造个人 IP 需要我们不断输出有价值的内容，其实，这也是持续性地强化我们自身人设的过程。如果你的内容能够让观众在提到某个领域时就想到你，那么你树立的人设就是成功的。

总之，人设并不是树立起来后就可以不管了，而是需要我们在后期的运作中一直持续强化，这样才会让我们时刻表现出自身鲜明的特点，并被观众牢牢记住。

2.5 给自己打造人设的操作示例

我们在短视频平台注册完一个新账号后，就有了人设，只不过这个人设是由机器识别产生的。注册账号时我们需要填写很多信息，包括头像、生日、地址、个人兴趣等，系统在获得这些信息后，会根据算法为我们提供一个基础的画像，这就是我们在该平台的第一个人设。

当然，这并不是我们自己想要的人设，如果想尝试给自己的账号打造一个更精准的人设，可以按如下方法来操作。

1. 列出能让自己火起来的要素

举例如下。

自问：

我自身的哪些要素可以让我火起来？

作答：

我很幽默，擅长和人聊天。

我读过很多书，有自己独到的见解。

我毕业于 ×× 大学。

我有十几年的海外生活经历。

……

把自认为能让自己火起来的要素逐一列出来，写得越多越好。如果写完两三个之后就再也写不出来了，也可以让身边的人帮你罗列，看一看别人眼中的你有哪些突出的特点。

最后，把这些要素进行整合，你的人设基本就清晰了。

比如，你眼中的自己：讲师，幽默，爱看书，×× 大学毕业，海外生活十几年……

别人眼中的自己：高级知识分子，海归，帅哥……

你的人设：博学且幽默帅气的海归讲师。

从这个例子中我们可以看出，人设是基于你的身份、经历及他人的评价，并通过一定的整合而设计出来的。

2. 思考自己的目标受众是谁

举例如下。

目标受众 1：有海外留学需求的人。

目标受众 2：对海外生活感兴趣的人。

目标受众 3：有海外购物需求的人。

……

逐一列出你认为的可能的目标受众群体，然后从中选择出与你的账号垂直度最高的目标受众。

3. 罗列目标受众的 10 个“痛点”

确定了目标受众之后，接下来就是思考他们的“痛点”是什么，并逐一列出来。这里的“10 个”只是虚数，你能写出多少就写多少，写得越多，说明你对目标受众的了解就越多，这样你创作的内容才能更吸引目标受众。举例如下。

“痛点”1：海外留学应该如何选择学校？

“痛点”2：如何在海外生活中确保个人安全？

“痛点”3：海外留学生的毕业前景如何？

……

综上所述，通过这些罗列和分析，找到贴合自己账号的人设就不是难事了。最后说明一点，人设只是观众眼中的你，而你才是最了解自己的人。我们应该遵从自己的内心，打造一个自己喜欢的人设，而不是过度包装，毕竟伪装是难以持久的。

第 3 章

搭建团队：众人拾柴火焰高

3.1 什么样的运营团队才是你需要的

当下，短视频领域的竞争日益激烈，随着短视频行业的规范化、机构化发展，观众对短视频内容也越来越挑剔。作为短视频创作者，要想留住观众，就必须有持续输出优质内容的能力，而这需要有一支优秀的运营团队。

有关运营团队，我们必须了解下面两点内容。

1. 挑选团队成员不能只看年龄和资历

许多人认为短视频就是长视频的精简版本，只要把那些拍过电影、网剧的人“挖”过来，做短视频大概率可以获得成功。其实，这个想法是不正确的，短视频是一个新兴的细分领域，无论是玩法还是策略，都跟传统的长视频不一样。因此，一个从业几十年的资深影视导演，在短视频领域有可能还不如一个刚接触短视频不久的年轻人。这说明短视频的创作不仅仅需要经验，更需要创新思维。

所以，在组建短视频运营团队时，仅仅寻找有理论知识的人是不行的，只有长视频领域经验的人也不行，在短视频领域有没有成功的作品才是最重要的衡量标准。

2. 合理的团队配置很重要

在创业初期，由于资金问题，一般团队也就 3~5 人，甚至不少账号都是单人作战，一个人自编、自导、自拍、自剪和自运营。虽然一个人完全搞定这些流程是一件了不起的事，但是若想长期坚持下去则困难重重，巨大的工作量很可能会把人压垮。如果是几个人的团队则会简单很多，每个人可以负责一个或多个流程，大家分工合作。

相对成熟或专业的短视频团队，其业务流程要完备得多，包括前期准备、内容策划、拍摄、制作、运营、粉丝转化与电商带货等诸多内容，因此成员的分工也更为明确，如图 3-1 所示。

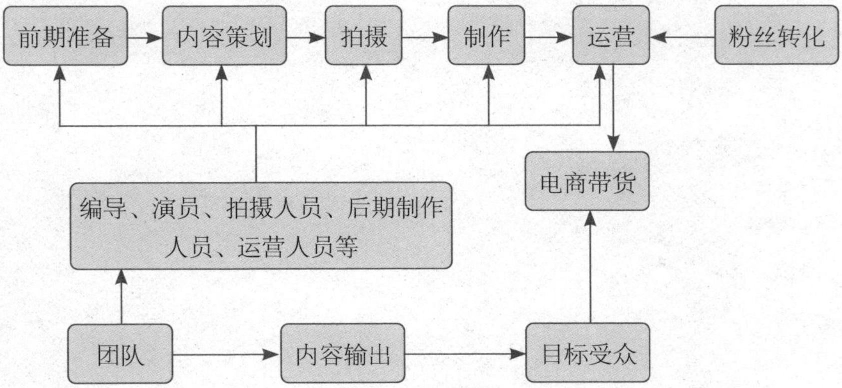

图 3-1　短视频团队业务流程

整个团队要有一个总负责人，即编导，他是短视频创作团队中的最高指挥官，负责账号的人设方案、选题策划、文案输出等；其次是演员，负责出镜；然后是拍摄人员和后期制作人员，负责短视频的拍摄、后期制作等；最后是运营人员，负责短视频的发布、粉丝互动、数据分析等。

一般来说，一个处于起步阶段的短视频团队，如果每周产出 2~3 条短视频作品，则 3~5 个人的人员配置即可，其中包括 1 名编导、1 名演员、1 名拍摄和制作人员、1 名运营人员等。当然，有能力的团队成员可以身兼数职，以便缩减预算。如果对短视频的内容要求较高，也可以增加相应成员的数量。

3.2 如何才能发挥团队的优势

通常，在运营短视频账号的过程中，一个人的智慧和精力是有限的，很多时候我们会遇到独自一人解决不了的问题。这个时候，团队协作就能发挥更大的作用。而且，有了团队后，在策划短视频内容时，就不再是孤军奋战了，团队中的每一个成员都可以建言献策，并各司其职。明确的人员分工，也使得短视频内容的质量和持续性更加有保证。

那是不是意味着人越多越好呢？当然不是，人越多并不代表就越有优势，我们需要在合理的人数范围内组建一个团队，通过发挥团队内每个成员的优势使得效率最大化。

那么，如何才能发挥团队的优势呢？这里，我们用 5P 要素分析法来进行说明，如图 3-2 所示。

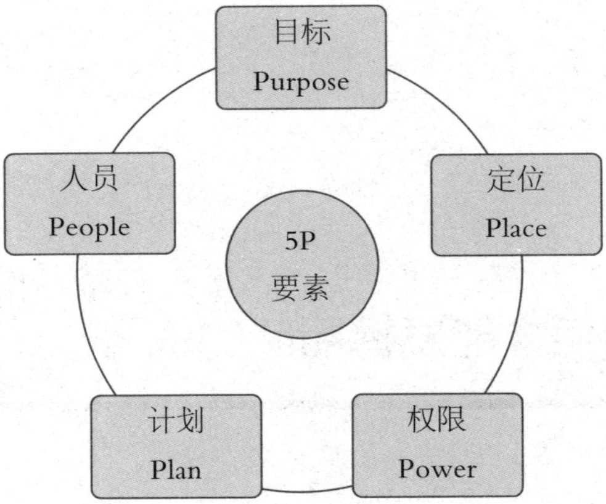

图 3-2　5P 要素分析法

1. 目标（Purpose）

任何一个团队都必须确定自己的目标，短视频运营团队也一样。团队成员必须保持目标的一致性，没有目标的团队是没有凝聚力和持久性的。我们可以将总目标分成诸多小目标，再具体落实到每个成员身上，以确保最终目标的实现。

比如，我们想要打造一个成功的短视频账号，并实现最终的流量变现，具体该怎么做呢？首先，我们必须打造一个爆款短视频；然后，在获得足够多的粉丝后，再逐步实现流量变现这个最终目标。那如何打造爆款短视频呢？这又需要分步骤进行，如策划、拍摄、制作、发布等。需要注意的是，打造一个爆款短视频可能需要坚持很长一段时间才能实现，不能操之过急。

总之，一定要确定好团队目标，目标能够使团队成员充满激情、振奋精神，并让每一位成员都发挥出巨大的潜能。

2. 定位（Place）

在短视频的运营过程中，我们必须经常考虑团队的定位。比如，团队应该发展到什么规模？每个成员的职责和任务是什么？团队应该向哪个方向发展？这些问题都可以归纳为定位问题。只有定位清晰了，团队成员才能朝着既定的方向共同努力。

在完成团队定位以后，我们还可以确立一些规章制度，如明确团队任务、改进团队的管理模式等，以达到更好的发展效果。

3. 权限（Power）

权限，是指在创建团队时明确规定的团队的工作范围、与其他团队之间的界限、团队的自主决策权等。

一般来说，团队中领导者权力的大小在不同的发展阶段是不同的。在发展前期领导者的权力往往比较大，而到了后期的成熟阶段，其权力往往逐渐变小。团队的权限一方面明确了整个团队拥有怎样的决定权，如人事决定权、信息决定权等；另一方面也是团队的基本特征，如团队规模、授权等方面的体现。提前考虑这两个方面，可以将一些隐患有效地消灭在萌芽期。

4. 计划（Plan）

计划是团队开始项目前必须进行的一项工作，是对所要做的事情的前期规划。有了计划，后续的工作就能有步骤、有条理地进行。

我们可以从以下两方面理解计划的含义。

一方面：最终目标的实现需要一系列具体的行动方案，比如，想要通过短视频实现变现，那就必须制订阶段性的计划，然后按计划循序渐进，策划爆款、吸引粉丝、直播带货……

另一方面：有了计划，就能够提前进行下一步的任务，以确保最终目标的顺利实现。

短视频账号的运营是一个长期性的任务，每一个阶段该怎么走，都应该有既定的目标，这样团队才能在逐步实施计划的过程中不断走向成熟，并最终获得成功。

5. 人员（People）

人是构成团队的核心，目标也是通过人来实现的，所以，团队的管理要以人为本。在运营过程中，我们要综合考量每个成员的个人能力、基本素质和学识水平等因素，让合适的人到合适的位置上，发挥每一个人的优势，从而更有可能做出爆款短视频。

以上这五个要素在团队建设中不可或缺，任何一个方面的缺失都可能导致问题的出现。想要充分发挥团队的优势，就要在目标、定位、权限、计划、人员上下功夫，这样才能带领团队走向最终的胜利。

3.3 提高团队效率的三种方法

一个团队要想拥有较高的内容输出效率，可以运用以下三种方法。

1. 提高成员分析爆款作品的能力

要想创作出好的短视频作品，学习是永不过时的技巧。在短视频领域的任何一个赛道，都有许多头部账号值得我们学习。所以，学会分析当下的爆款短视频，是每一个团队成员应该具备的能力。

在制作每条短视频之前，可以让团队成员先分析 30~50 款同领域内的爆款短视频，这些短视频的选题好在哪里，时长是多少，文案好在哪里，定位是什么？弄清楚这些问题，对创作自己的短视频是很有帮助的。

2. 时常分享和交流

每个人分析爆款作品的能力是不一样的，对爆款内容的解读也不一样。因此，在分析完爆款作品后，团队成员还要互相分享和交流，把自己的体会和感受表达出来，大家相互碰撞思维，最终达成共识，从而创作出更优质的短视频作品。

3. 勇敢尝试，在实践中变强

想得再多，说得再多，如果不付诸实践，任何创意和想法都实现不了。勇敢地做出尝试，是提升团队成员效率的重中之重。作为团队的领导者，要想让每个成员都发挥更大的潜能，就必须让他们进行更多的实践，掌握更多的知识，变得更有价值。

短视频行业正朝着专业化、规范化的方向高速发展。即使一个人的能力再强，也不如团队协作的效率高。领导者应该担任起团队中的教练角色，指导每个成员在具体实践中变得更加专业、高效，这才是通往成功的必由之路。

3.4 差异化的薪酬制度

任何一个团队都有一个绕不开的问题，那就是薪酬制度，或者说绩效考核。

一个成功的短视频运营团队需要通过绩效考核来激励成员，以提高大家的创作水平和效率。那么，怎样设置团队成员的薪酬制度才合理呢？

如果有两个选择：一个是每个月都有稳定的 8000 元收入；另一个是每个月底薪 5000 元，绩效上不封顶，干得越多拿得越多。究竟哪个选择更具诱惑力呢？相信大部分人会选择后者。

包含绩效的薪酬制度，就像把大家拉入了一个游戏世界，除了完成每个月既定的短视频发布量，额外的发布量、点赞量或评论量都会产生相应的绩效工资。这样一来，团队成员所获得的薪酬就由自己把握了。

所以，建立差异化的薪酬激励非常必要。通常，短视频运营团队的成员考核可以分为两部分：一部分是可量化指标，包括内容发布量、粉丝增长量、短视频播放量、综合互动量等，属于关键绩效指标，占考核总量的 80%；另一部分是不可量化指标，包括工作态度和表现等，属于关键胜任能力指标，占考核总量的 20%。

我们重点来看一下可量化指标，如图 3-3 所示。

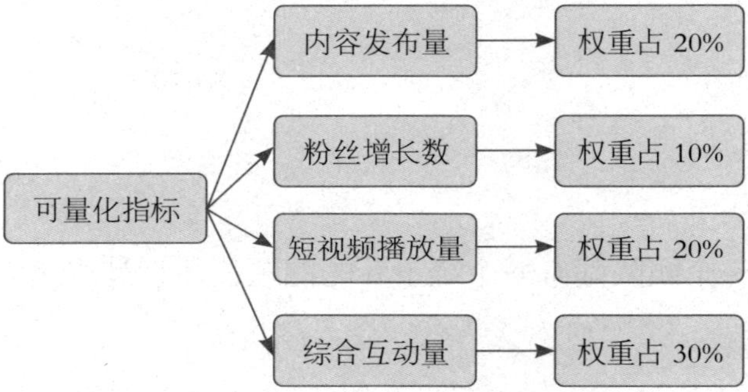

图 3-3　可量化指标

（1）内容发布量

内容发布量指某时段内发布的短视频数量。其实，短视频的发布频率不是越高越好，具体发布的数量目标应根据运营的具体需要来设定。

（2）粉丝增长量

粉丝增长量指新增长的粉丝数量。每个阶段的粉丝增长量考核指标应根据账号的实际情况来设定。

（3）短视频播放量

短视频发布后，播放量的多少代表了短视频人气指数的高低，具体的播放量考核指标也应该根据账号的阶段性目标来设定。

（4）综合互动量

综合互动量包括短视频获得的点赞量、评论数和转发量等。这些任务量的考核指标同样可以根据账号的阶段性目标来设置，合理的任务量才能激发成员的战斗力。

以上这些绩效考核项目并没有统一的标准，领导者应该根据账号发展所处的具体阶段来灵活制订。另外，对不可量化部分的工作考核，领导者同样不能忽视，如成员处理问题的能力、沟通能力、执行能力等基本素质，以及日常出勤、工作汇报等具体事项。这部分权重占考核总量的 20%，领导者可以对其进行灵活计算。

3.5 你需要掌握的团队管理技能

俗话说，众人拾柴火焰高，短视频的创作离不开团队的力量。在建立了短视频团队之后，如果领导者不懂得团队的管理技巧，那么团队就很难有强大的凝聚力。因此，作为领导者，必须注重团队的建设和管理工作。

1. 树立明确的团队目标

前面我们已经说过树立团队目标的重要性，这里要再强调一下。在人类群体活动中，共同愿景能激发出强大的力量，因此，团队目标的树立不仅可以使团队成员明确自己的角色和任务，还有助于实现更加高效的团队协作。

在管理团队时，我们要保证每个成员都能明确自己的工作目标。在激励团队成员时，我们可以采用“1V1”模式，即一对一和成员进行谈话。这里的“谈话”不是谈论具体的工作内容，而是通过和每个成员的深入交流，使我们能对所有人的具体情况有个大概的了解，比如，个人的职业规划和团队的战略目标是否吻合，是否需要团队为个人提供相关的帮助，等等。

2. 权限管理要恰到好处

权限是团队成员所担负的职责和理应享有的权利。正如前面所说，在不同的发展阶段，领导者的权利大小有所变化，在团队发展初期，权利相对集中在领导者身上；后来运营团队越成熟，领导者的权利会越小。

团队的权限管理包括两个方面：一是明确团队成员所拥有的决定权，如财务决定权、会议决策权等；二是确保每一个团队成员都能最大限度地行使权利和履行义务。

领导者可以结合这两个方面进行团队管理，让每个成员都能放手去做，从而打造一个高效优质的运营团队。

3. 关注目标，达成目标

对一个团队的管理，归根结底是为了达成最终目标。所以，领导者在衡量团队素质的高低时，可以采用 OKR（Objectives and Key Results，目标与关键成果法）模式，明确目标并追踪其完成情况。作为领导者，重点要关注目标是否达成，至于目标具体怎么达成、通过了哪些路径，就是团队成员需要解决的事情了。

在竞争激烈的短视频领域，大家拼的不仅是个人实力，还有通力合作将事情做好的团队力量。即使个人能力再强，也离不开团队的协助；当然，团队所取得的成果也离不开个体的努力，两者是相辅相成的，一旦彼此脱离，任何一方都要遭受损失，这样的案例屡见不鲜。

因此，我们要记住，团队的力量是巨大的，将每一个人的智慧、力量汇集在一起，成功的可能性就会增大很多。

第 4 章

确定选题：找到观众的“痛点”很关键

4.1 好的选题是短视频的灵魂

好的选题才有可能打造出爆款，从长远来看，想做好短视频，提前做好选题策划工作是关键。很多短视频创作者在策划阶段都会进行头脑风暴，经过不断的思维碰撞之后，选择最优的选题进行后续的操作。

不过，选题策划是一项充满挑战的工作。很多短视频创作者坚持不下去的主要原因就是在策划选题上遇到了瓶颈，导致没有持续的优质内容输出。那么，我们在策划选题时应该注意什么问题呢？

1. 选题要确保新鲜有创意

短视频平台上那些做的比较好的账号，通常都有一个共性，即无论是内容还是形式，都十分新颖。所以，在策划选题时一定要重视那些有创意的选题。

不过，对于正处于创业初期的短视频账号来说，创意固然重要，但也存在一定的风险，所以应该以稳扎稳打为主、新颖性为辅，从而减少不必要的时间成本和试错成本。比如，可以找一些爆款图文进行翻拍，或是搜集一些创意进行联想，等等。

2. 选题最好有话题性

有争议的话题更能引发讨论，被广泛讨论的话题才能收获更好的传播效果。在策划选题的时候，我们可以通过换位思考，把自己当作观众，在罗列的诸多选题里优中选优，找出最具吸引力和话题性的选题。

此外，我们可以在选题中特意设计几个有争议性的话题，借此引发观众的热烈讨论，从而提高短视频成为爆款的概率。

3. 选题一定要坚持以观众为导向

以观众为导向，是指选题不能脱离观众，必须以满足观众的需求为目标。我们做短视频的目标之一，是为观众提供良好的观看体验和更高的价值。所以，我们在策划选题的时候，就要想好自己的作品到底能够为观众带去什么。

比如，在策划美食类短视频的选题时，我们有以下两个方向可以参考。

①新奇的选题：美食的种类繁多，越是新奇的美食越能引起观众的关注，也更能满足观众的猎奇心理。

②日常的选题：如好物分享、生活用品 DIY 类的短视频内容，

由于这些和观众的日常生活息息相关，能够为观众带来实用价值，所以更能引起观众的兴趣。

4. 选题要保证垂直度

保证选题的垂直度能提高作品在专业领域的影响力，只有坚持在某个领域的持续输出，才能获取更多的流量。

选题内容越驳杂，精准观众的获取难度就越大。因此，在策划短视频选题时，我们一定要贴合自己账号的内容定位，不要随意更换领域，以防止账号的垂直度变低。

4.2 衡量选题价值的三个维度

在短视频创作的过程中，选题找对了，就成功了一半。那么，我们应该怎样衡量一个选题是否有价值呢？下面将介绍衡量选题价值的三个维度。

1. 选题能否给观众带来愉悦的感受

美好、有趣的事物总能给人带来愉悦的感受。短视频的一个很重要的特点就是娱乐性，即给观众带去欢乐。在各类短视频平台的爆款内容、账号排名中，娱乐类选题通常占有领先的地位。

比如，幽默的段子总能令人捧腹大笑，因此，在抖音上发布原创幽默搞笑类短视频就非常容易获得流量。通常，这类短视频内容大部分来源于日常生活，与我们每个人都息息相关，因而让人感觉非常亲切。在选择制作这类短视频时，我们可以运用各种创意和技巧对内容进行编辑加工，也可以深入挖掘日常生活中有趣的场景和片段。

在制作娱乐类内容时，我们一方面可以从满足观众感官的需求出发，如利用高颜值的人设、蠢萌的宠物、震撼的美景等，带给观众视觉上的愉悦感；另一方面可以从内容情节出发，如浪漫的旅行、民宿的改造等，让观众感到愉悦。

2. 选题能否给观众提供新的知识

娱乐化的内容是观众打发时间、释放压力的良好方式，深受观众的喜爱，但时间长了，又容易让人产生空虚感，觉得一整天什么也没做，白白浪费了时间。因此，我们的选题不能仅仅局限于给观众带去浅层的愉悦感受，还要让观众获得实用的知识或技能，这也是选题价值的重要体现。

短视频创作者如果有某一方面的特长或技能，就可以依靠知识输出做出优质短视频。除了每个领域的专业知识，很多日常生活中的经验、技巧都可以成为选题的内容，如人情世故的交流、考研的经历、时间管理技巧等。这些内容都可以给观众提供新的知识，让观众节省时间，少走一些弯路。

3. 选题能否引发观众的共鸣

一个选题能被观众关注、点赞甚至转发，引发观众的共鸣是一个很重要的影响因素。就像前面说的那样，一个好的短视频首先是能够给观众提供愉悦的感受，而引发共鸣则可以让观众对选题内容产生更多的思考。因此，如果一个短视频在探讨某个话题或观点时，能够引发观众的共鸣，这样的短视频就是成功的。

需要说明的是，短视频的内容没有绝对的优劣之分，只要能让观众有所收获，这样的内容就是有价值的。一个短视频提供的价值越多，观众的收获就会越大，产生的共鸣也就越多。

4.3 学会挖掘选题素材

很多短视频创作者在创作了一系列短视频之后就会陷入困境，不知道下一个选题做什么好。如果你也有这样的感受，不妨试试以下这些方法，从挖掘素材出发，或许能够帮助你迸发新的灵感。

1. 从目标受众“痛点”入手，罗列 100 个选题素材

你可能会说，连一个爆款选题都需要绞尽脑汁，罗列 100 个选题怎么可能完成呢？其实，这 100 个选题并不需要每个都是精品，我们的目的是提高这 100 个选题中出现爆款的概率。

比如，我们可以把目标受众的“痛点”全部罗列出来，每一个“痛点”都有可能对应爆款的出现，之后再去各大短视频平台搜索与之相关的超过 10 万播放量的作品。如此一来，罗列 100 个选题就变得很简单了，也能保证我们在未来一段时间内不会出现“选题荒”的情况。

2. 每天关注同领域的内容

作为短视频创作者，我们不仅要低头创作，还要抬头看前方的路。在创作之余，我们每天都要抽时间看看同领域其他人的作品，向优秀的同行学习。在这个不断浏览的过程中，自然就会产生灵感，进而发现好的选题。

总之，保持积极的学习态度，持续关注同领域的内容，不仅可以优化自己的作品，还可以不断积累素材。

3. 从热点事件中寻找素材

一个事件之所以会成为热点，是因为关注的人多。如果能在热点事件中寻找到素材，就意味着把这些观众直接吸引到了你的内容上来，也就是“蹭热点”。比如，在很多娱乐性的热点事件曝光之后，如果我们能针对这些事件发表自己的看法，就很容易引起观众的关注和讨论。不管你持有怎样的观点，都可以从这个热点事件中挖掘不少素材，如果借势得当，就可以做出爆款内容。

不过，在热点事件中寻找素材，属于“明知山有虎，偏向虎山行”的行为，需要格外谨慎。虽然热点素材有着巨大的潜在流量，但是否可以跟风要视情况而定。而且，热门题材虽然受众较广，但竞争也同样激烈。同一个主题的短视频太多，同质化问题就会比较严重。况且热点事件都有时效性，如果你的制作周期太长，就很可能错过最佳传播时间，从而导致短视频推广困难。

另外，“蹭热点”也可能带来一些麻烦，有些热点事件本身就是敏感话题，能避开就避开。

4. 学会检索，去各个平台挖掘素材

检索是短视频创作者必须具备的一项技能，我们可以在各大热门论坛（如知乎、豆瓣、微博等）上，查看点赞量高的话题。如果有条件，也可以参考外国人的创意，如 YouTube 上的一些优质选题和内容等。

其实，不管是在哪个网络平台，热门的话题都比较受欢迎。所以，即便是以文字内容为主的平台，也可以成为我们寻找爆款素材的渠道之一。

4.4 从爆款作品中寻找新的灵感

有人说成功是不可复制的，但在短视频领域，成功复制的例子不在少数。当我们找不到合适选题的时候，不妨适当地“复制”一下，说不定就有了新的灵感。对于以算法主导的短视频平台来说，那些优质的内容都是由广大观众群体检验过的。因此，对爆款作品进行分析和“复制”，可以使我们在短视频创业初期获得不错的效果。

当然，分析和“复制”爆款作品，并不是完全照搬照抄，而是参考话题方向和文案的结构形式。具体可以通过以下三个步骤来完成。

1. 找到同领域的爆款作品

短视频的每个细分领域都有不少爆款作品存在，这些作品有很高的借鉴价值。以抖音为例，我们打开抖音界面，点击右上角的放大镜图标即可进入搜索页面，然后输入与自身领域相关的关键词，就可以在新的界面看到“综合”“视频”“用户”等条目。点击其中的任何一项，就可以看到相应的信息。在“视频”栏中可以看到与你搜索的关键词相关的短视频，越火爆的短视频排名越靠前；在“用户”栏中则可以看到与你搜索的关键词相关的账号，以及这些账号的粉丝量。通过这些信息我们可以快速地找到细分领域最火爆的内容。

在浏览这些与自身领域相关的内容时，我们不仅要看，还要善于动笔，把爆款作品中的选题、话题记录下来。

2. 拆解、分析爆款作品

找到同领域的爆款作品后，我们可以从两个维度去分析：一是分析内容本身，如标题、文案、特色等；二是进入评论区，查看高赞的评论。这些都可以为我们提供很好的选题思路。

我们需要多选取几个爆款作品，摘录它们的标题、关键词及高赞评论。通常，高频出现的关键词就是我们需要的选题方向，接下来就是围绕这个关键词设计话题，输出自己的内容。

3. 跨平台进行搜索

如果在一个平台找不到更多同领域的爆款作品，我们还可以进行跨平台搜索。通常，那些爆款短视频在许多平台上都会有不错的表现，但有的创作者可能更加侧重某个平台，我们通过跨平台搜索就可以很好地解决这个问题。

4.5 如何避免选题策划中的误区

想拍短视频的人很多，但真正行动的人很少。大多数人在拍短视频前都会有各种各样的顾虑，比如，不知道拍什么内容，害怕自己选择的方向会失败，怀疑自己不能像别人一样获得成功，等等。

其实，有顾虑是正常的，重要的是我们要懂得避免以下这些选题策划时的误区。

1. 误区一：分享平淡的生活不会有人关注

大多数人都是普通人，做着普通的工作，拿着普通的收入，平平淡淡是我们的常态。因此，平淡的生活并没有什么值得分享的内容，分享日常生活中的事情是不会获得别人的关注的。

有上面这样的想法也不奇怪。但是，虽然大家都是普通人，但每个人的生活、职业都是不同的。你的生活和职业别人不一定了解，别人的生活和职业你也不一定清楚。所以，分享我们的日常生活，不仅可以促进大家的相互了解，还可以让同类人产生共鸣。

比如，某抖音账号发布了一条小孩和大人围在一张桌子前吃饭的日常短视频，共获得了几十万个点赞、十几万个评论，以及几百万次转发。但是，该账号之前一共只发了几条短视频，其他短视频的点赞量只有一两百。由此可见，再平淡的生活也有可能获得大家的关注。

其实，生活中的许多事情都值得记录下来，比如，优美的文字和细腻的情感，实用的知识、技巧分享，等等。每个人都有自己擅长的领域和对生活独到的见解，若能把这些经验总结分享出来，能够给观众提供一些新的思路，就是有价值的选题。

2. 误区二：短视频就要完全真实地进行展示

对于短视频创作者来说，短视频的内容素材来源于生活，但又要高于生活。画面中呈现的每一个镜头都可以通过艺术的处理达到更好的传播效果，所以，短视频的每一个画面并不一定都是完全真实的。比如，很多创作者独自拍摄自己的日常生活场景，包括起床、出门等画面，这些可能都是摆拍出来的，但并不妨碍其内容的真实性。

其实，任何短视频创作都很难做到绝对的客观和真实，创作者除了基于现实情况的如实记录，难免会进行一定的加工和创作，以呈现更好的画面、更有趣的故事，从而达到更好的传播效果。

所以，我们在创作短视频时，只要保证选题的真实性就好，至于是否用了摆拍等呈现形式并没有那么重要。当然，不能为了达到吸引观众的目的而过度夸大、虚假宣传，这是有违真实性原则的。

3. 误区三：做不起来一定是内容定位有问题

任何一个领域的短视频账号都很难“一夜爆红”。很多创作者在发布了几期短视频后，发现没有什么起色，于是开始怀疑是不是最初的内容定位出了问题，甚至选择直接放弃。

其实，在做短视频账号前，我们就要有一定的心理准备，不要指望一下子就能成功，只有坚持积累与输出，才有成功的可能。当然，在账号起始阶段，定位和方向确实需要进行反复优化。如果总是怀疑内容定位有问题，不如把自己想做的内容都尝试一遍，以便积累更多的经验。

第 5 章

创作内容：好的内容才能持续吸引观众

5.1 爆款短视频内容方面的共性

打造出爆款短视频是账号涨粉最快捷的方式，很多账号都是依靠某个或多个爆款作品在短时间内迅速实现粉丝数量的暴涨，一个爆款短视频带来的收益甚至可以抵得上其余所有短视频的总和。

人人都想打造爆款，但爆款的出现绝不是一件容易的事情，没有固定的模式，而且影响因素也很多。当然，所有的爆款短视频都存在一些共性。接下来，我们会对这些爆款短视频内容方面的共性做一些简单介绍。

1. 内容能够给人提供收获感

创作短视频时，内容一定要有“干货”。这里的“干货”，可以是实用的知识和技巧，如历史知识、美食制作方法、育儿技巧等；也可以是给观众带去一定的情绪价值，让观众感到心情愉悦。

比如，某办公软件类达人发布的短视频内容基本是非常实用的办公软件的操作技巧，让人通过观看短视频就能轻松掌握。这样具有“干货”的短视频账号自然很容易受到职场人员的喜爱。

2. 内容能够引发目标受众的共鸣

所有爆款短视频的共性之一，就是能够引发目标受众的情感共鸣，从而激发观众的观看欲望。情感是触达人心的利器，能产生强烈情感共鸣的内容往往更能引发观众的深思，从而让观众在观看短视频时能够感同身受。

由此可见，如果我们在短视频创作中加入一些能引起观众情感共鸣的内容，就比较容易触达观众的内心，从而快速提升作品的播放量，甚至还能进一步激发观众的点赞、评论、分享等行为。

3. 内容能够引发热烈的讨论

很多爆款短视频的内容都带有一定的争议性，这样的敏感话题非常容易引起大众的热议，因此热度越来越高。

所以，在创作短视频内容时，我们也要思考如何才能引发观众在评论区的热烈讨论。比如，我们可以把评论区争论性最高的观点置顶，让更多人参与讨论。讨论度越高，作品成为爆款的概率就越高。

4. 内容充满正能量

那些能够激励人心、引人积极向上的正能量内容，可以有效地激发观众的情绪，从而让我们的账号获得广泛的关注。比如，见义勇为、助人为乐的日常事迹，或者艰苦创业的励志故事，都能够帮助我们获得不少的流量。

所以，在创作短视频内容时，我们可以根据自己账号的特点，选择一些饱含正能量的内容去激发观众的情绪，点燃观众心中的信念。传播正能量既是短视频行业的良性发展之路，也是短视频创作者的责任和义务。

> **“短”知识分享**
>
> 在创作短视频内容时，不要为了猎奇而刻意地标新立异，否则很容易受到国家法律法规的处罚。如果因为踩了红线而被责令整顿，导致作品全部下架，人气锐减，实在得不偿失。

5. 内容有反转和“槽点”

很多短视频创作者都喜欢运用反转的手法来展示内容，从而让观众产生更浓厚的兴趣，使自己获得更多的关注。需要注意的是，反转的运用要自然，如果显得过于刻意，或者次数太多，也会失去吸引力。

另外，作为短视频创作者，大家都希望自己的作品是完美的。其实，完全没有这个必要。很多人都容易好为人师，当他们看到短视频中存在明显错误的时候，会生出帮忙指正的强烈欲望。所以，在内容上适当设置一些“槽点”，反而可能引发观众的热烈讨论，从而提高短视频成为爆款的概率。比如，各大平台上有很多关于电视剧拍摄花絮的短视频，观众从中发现“槽点”并进行评论，最后反倒把电视剧带火了，这种情况比比皆是。

5.2 短视频内容创作的基本框架

对于新手来说，想要一下子熟练掌握短视频创作的整个流程是比较困难的。因此，就需要我们在创作前先设计好内容框架，并以此作为指导，这样在后续的创作过程中我们就能更加得心应手。

通常，短视频内容创作的基本框架包括以下四项。

1. 明确主题和时长

在创作内容之前，创作者要做好市场的调研工作，了解观众的需求，明确自己的兴趣和特长。综合考虑这些因素之后，再确定短视频的内容主题。

在确定好内容主题后，我们还要注意把握好短视频的时长。如果时长太短，导致无法放入太多信息，观众可能会看得不过瘾；如果时长太长，制作的成本会随之增加，观众可能会没耐心看完。所以，我们要根据具体情况综合考量，并将其提前确定下来。

2. 制订可行的方案

明确了主题和时长后，接下来就要形成一个可行的方案。所谓可行的方案，就是把所需的人员、资金、设备、场地、拍摄时间、整体工期等情况写下来，做成一张清单。务必让每个团队成员都能清楚地了解当前需要做的准备工作有哪些。

在此基础上，我们还要列一张工作计划表，把每个岗位需要做什么事、需要哪些资源、在几天内完成、如何检验完成质量等工作细节全部安排清楚。如此一来，每个团队成员就都知道如何分工协作，以及自己负责的具体是哪一项任务了。

3. 快速进入主题部分

在创作短视频的过程中，应该把握好短视频的节奏，快速进入主题。这是因为，观众一般都希望利用碎片时间看一些自己感兴趣的内容，相对缺乏耐心，如果短视频开头的几秒无法成功吸引他们的注意，他们也就没有继续看下去的欲望了。

所以，对于有故事剧情的短视频来说，开头的铺垫不要太多，一开始就要设置一些吸引人的元素，让观众明白故事的主题。接下来剧情推进要快，因为短视频的时长有限，必须以秒为单位来控制叙事节奏，让剧情尽快呈现在观众的面前。

如果是非剧情类的短视频，可以把最精彩的内容作为片头，或设置一个带有悬念的问题，牢牢抓住观众的心，再不断渲染，一步一步展示细节，从而吸引观众继续看下去。

4. 内容要能融入平台生态圈

短视频作品的传播需要借助各大短视频平台，如果我们的作品内容不考虑短视频平台的特性，就很可能无法获得较多的流量。所以，我们要尽可能地生产能够融入短视频平台生态圈的优质内容，这样才会有从万千作品中脱颖而出的机会。

5.3 好的脚本是创作优质内容的基础

一个好的脚本，是短视频创作的前提和基础。新手可能会遇到这样的困惑：拿起手机不知道拍些什么；或者即便准备了一些素材，在拍摄的过程中思路还是不太清晰。其实，这都是因为缺少了一个行动的指导——脚本。

脚本写得好，拍摄没烦恼。脚本就是短视频的大纲，包括故事情节、时间、角色等信息。有了这样的大纲之后，我们在拍摄时就能按部就班、井然有序地完成每个分镜头的拍摄，最终制作出一个完整的短视频。因此，脚本能够极大地提升拍摄的效率。

一条短视频，要想做到文案的结构、故事的起承转合及遣词造句都尽可能地完美，就离不开脚本的指导。所以，创作者必须注重短视频内容的每一个细节，并在脚本中把它们提前构思好。

那么，作为短视频创作者，我们如何才能写好脚本呢？

1. 把重要内容前置，吸引观众

大家都看过新闻，新闻资讯通常都是“短平快”，也就是尽量用最短的篇幅把内容最快地呈现出来。在短视频脚本的创作中，我们也可以借鉴新闻的这种写法。

一篇新闻稿通常由导语、正文、结尾构成。导语部分一般都是用一句话或一个简单的段落就把整个新闻的关键内容呈现出来。可见，导语就是用最简短的话语把最核心和最精彩的部分呈现出来。

在写短视频脚本时，我们同样需要在开头就交代清楚短视频要讲的话题、最精彩的片段，以及要提供给观众的价值，从而提高观众看完整个短视频的概率。因此，将重点前置是写短视频脚本常用的方法。

2. 主体内容要有逻辑，文案要用心

开头交代清楚了短视频内容的重要部分，接下来就是脚本的主体部分。脚本的主体可以按照内容的逻辑关系逐渐展开。这里我们要把握以下两个要点。

①讲好一个故事：短视频的时长、篇幅有限，因此，在创作的过程中，我们要尽量控制好时长，尽可能地讲好一个故事，即不要过多地延伸去讲无关的内容，能把一件事情说清楚就是最好的。

②文案要用心：要用心编写短视频的文案，这样才更能引发观众的共鸣，短视频也才更容易被认可。需要注意的是，文案的编写

要避免书面化，口语化才能拉近与观众的距离。

3. 在结尾时塑造价值，引导互动

脚本的开头和中间部分很重要，结尾也一样不可忽视。如果一条短视频开头很精彩，到了后面反而给观众的感觉很糟糕，这样的短视频最终还是失败的。观众也很可能会中途退出，甚至不再关注。

所以，为了提高短视频的完播率，脚本的结尾一定不能随意。我们可以从以下两个方面来设计。

①升华内容，引发共鸣：我们可以在结尾处做一些总结和升华，以增加内容的深度，赋予短视频更高的价值，从而引发观众的共鸣，给他们留下深刻的印象。

②适当互动：我们还可以在结尾处与观众进行互动，引导观众点赞、关注或评论等，比如，“本期节目就到这里，想看更精彩的内容，请期待下一期，别忘了一键三连哟”。

5.4 好内容离不开好的拍摄技巧

短视频的质量是账号运营的基础。有了好的脚本，接下来就进入短视频的拍摄阶段。拍摄一条短视频，可以很简单，也可以很复杂。比如，用手机随意一拍，然后上传到各个短视频平台；或者拿着专业的设备，一群人各司其职，化妆、开拍，一个镜头接着一个镜头……但通常来说，一条短视频的拍摄、制作环节占用了很大一部分时间和精力。

作为短视频创作者，想要拍出更好的作品，就必须掌握以下这些技巧。

1. 选择合适的拍摄设备

正所谓“工欲善其事，必先利其器”，在拍摄短视频前，我们需要准备一些拍摄设备，有了这些设备的加持，我们才能更好地把内容呈现出来。

（1）智能手机

“短”知识分享

对于刚进入短视频行业的创作者来说，不必对拍摄装备有过多的追求。在前期预算不多的情况下，选择智能手机拍摄即可，后续可以逐步地将其更换成更专业的设备。

现在的智能手机不仅小巧轻便，功能也十分强大，完全可以满足短视频拍摄的各项需求，是很多短视频创作者的最佳选择。如果你对内容画质没有过高的要求，那么一部旗舰版的智能手机就足够胜任拍摄工作了。

（2）微单相机

微单相机即微型单反相机，是专业的拍摄工具。如果你对短视频内容的画质要求很高，或者你的预算足够，准备长期深耕短视频领域，那么微单相机比手机更适合你。

（3）麦克风

麦克风可以给你的短视频提供清晰的音质，如果需要拍摄人物出镜的短视频内容，麦克风是必不可少的一种设备。

（4）三脚架和稳定器

三脚架和稳定器可以让你在拍摄时获得更稳定的画面，是非常有用的设备。很多短视频创作者都是独自拍摄，这时候三脚架和稳定器就起到了很大的作用。

（5）补光灯

很多短视频的拍摄都是在室内完成的，室内的光线大部分时间都不太理想，因此，准备几盏补光灯对增强短视频的画质很有帮助。

2. 掌握巧妙布置光影效果的技巧

在拍摄短视频时，如果光影效果布置得好，可以极大地提升短视频的质量，让人物更加饱满，使作品呈现出更好的质感。因此，作为短视频创作者，我们要掌握一些布置光影效果的技巧。

（1）拍摄人物时的光影效果布置

很多短视频拍摄的场景都在室内，通常用一盏环形灯作为主光源。如果想要获得更好的效果，一盏灯的光源是远远不够的，还需要辅助灯、轮廓灯的配合，从而让人物看起来更加立体饱满，如图 5-1 所示。

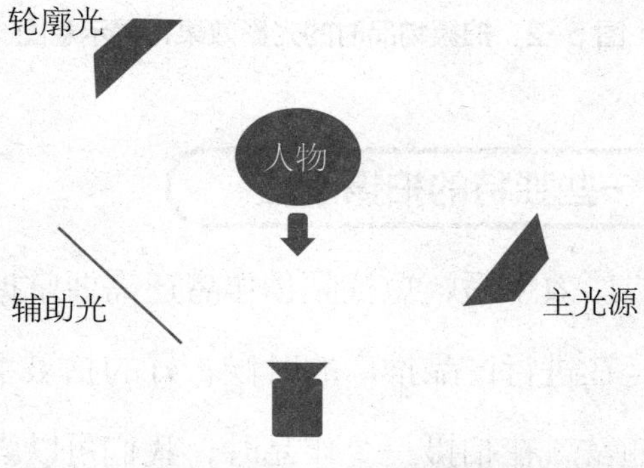

图 5-1　拍摄人物时的光影效果布置示意图

（2）拍摄物品时的光影效果布置

与拍摄人物不同，拍摄物品时光影效果更加重要。比如，数码产品、美食、化妆品等，这些物品要想呈现出高级的质感，就需要借助光影的力量，否则很难吸引观众。因此，我们要用到主灯、柔光屏、卡纸等设备。布光时可以采用侧面打光或背面打光的方式，让物品呈现出立体感和光泽度，如图 5-2 所示。

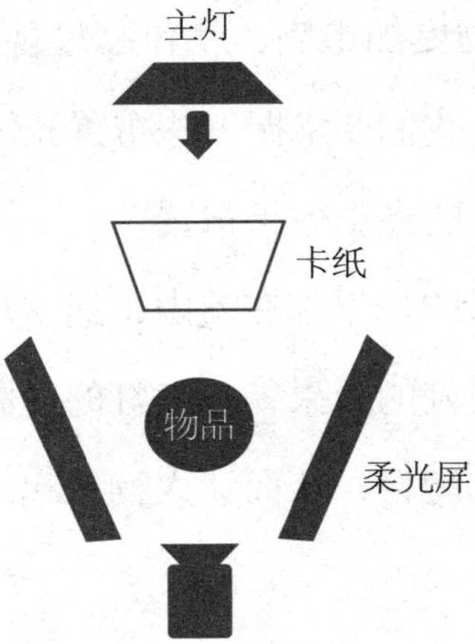

图 5-2　拍摄物品时的光影效果布置示意图

3. 掌握一些独特的拍摄手法

学会布置光影效果后，短视频创作者还需要掌握一些独特的拍摄手法。尤其是在进行产品推广的时候，好的拍摄手法能提供更好的展示效果。通常，在拍摄一个作品时，我们可以尝试以下几种拍摄手法。

（1）讲解式拍摄

讲解式拍摄是产品类短视频常用的拍摄手法，即在拍摄短视频前先了解这个产品的用途和目标人群，然后通过真人出镜的形式对这款产品的优势和性能做出讲解。通常，进行讲解式拍摄时，主播的声音要好听，情绪要饱满，这样才能更容易吸引观众。

（2）场景化拍摄

场景化拍摄是指通过镜头展示特定场景下的人和事物，如针对产品使用场景的展示，让观众更加直观地感受产品的具体应用场景，从而激发观众购买的欲望。比如，好物推荐、带货类短视频，就可以结合具体场景来拍摄。

（3）情景剧拍摄

情景剧拍摄是指通过情景剧的形式来推广产品。如果你想让自己的短视频被更多人看到，尝试用情景剧的方式拍摄是很不错的选择。通过情景剧的形式，我们可以把产品的功效植入剧情里面，利用剧情冲突强化记忆，从而让观众参与讨论，吸引观众的关注。

5.5 取一个好标题的六种方法

相信很多人在刷短视频时都很容易被标题吸引，虽然有时点进去后发现内容其实并不怎么样，但也证明了标题的重要性。在短视频文案中，短视频的标题是最显眼的一部分，好的标题能使短视频内容更加丰富饱满，能激发观众的观看欲望，起到点石成金的作用。

那么，如何才能取好标题呢？下面我们将介绍六种方法，如图 5–3 所示。

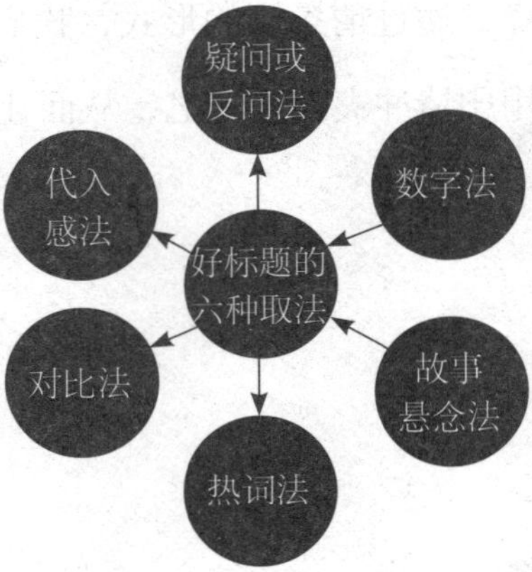

图 5–3　好标题的六种取法

1. 疑问或反问法

所谓疑问或反问，就是针对短视频内容进行概括并提出问题，而答案就隐藏在短视频的内容之中，等待观众自己去发现。比如，“难道你还不知道手机的这些隐藏功能吗？”“手机用久了卡顿该怎么办？”“一月份楼市会有这些新变化，你准备好了吗？”……通过这样的疑问或反问句式，来吸引观众的关注，并促使他们点击短视频寻找答案。

2. 数字法

标题内容越有吸引力，观众在短视频的页面停留的时间就越长。有研究显示，数字能给人提供更加清晰明了的直观感受，因而带有数字的标题更加有吸引力。而且，含有数字的标题在快速辨识记忆方面的效果比不含数字的标题好很多。比如，“直降7万，你没听错！汽车又迎来一波大降价”“开车跑长途，一定要注意这七件事”等。

3. 故事悬念法

好的标题都十分善于利用故事情节设置悬念，以激发观众的好奇心。比如，“A车主下车殴打B车主，C车主下车劝阻，竟获得20万奖励！”这个标题的故事性就十分强，也给大家留下了悬念：为什么A车主会下车殴打B车主？为什么C车主会获得20万奖励？设置悬念的标题总能引人无限遐想，从而促使观众点击观看。

4. 热词法

热词法，简单地说就是“蹭热点”，借用近期的热点新闻、流量热词等提升短视频的热度。比如，某电视剧一经播出就受到了广泛好评，随后就出现了许多有关剧中经典桥段的剪辑短视频，它们的标题里都加有该剧名称或剧中热词，很多短视频账号都因此火了一波。

通过“蹭热点”来提升短视频的热度是很有效的方法，但要注意，不要打扰公众人物的日常生活，不能侵犯他人的权益等。

5. 对比法

所谓对比法，就是让短视频的标题前后形成对比，借此带来更好的呈现形式，是一种提升作品质量的好方法。比如，某条短视频内容讲述了一条宠物狗陪伴主人家的小孩逐渐长大的过程，标题为“你陪我长大，我陪你变老”，运用对比法丰富了短视频的内涵，更能触动观众的内心。

6. 代入感法

让观众产生代入感的短视频标题，不仅能够拉近观众和创作者之间的心理距离，还会激发观众在社交网络上的分享行为，很多爆款短视频都受益于此。让观众产生代入感的标题取法有很多，比如，在标题中加入“北漂青年”“90后”等词语，直接圈定相应的目标人群；又如，可以采用“你应该知道的 ×××”“××× 能够帮你 ××”之类的句式来提升观众的代入感。

总之，一个好的标题可以大大提升短视频的传播效果，值得我们充分重视。学会上述这几种方法并灵活运用，一定会对你取好短视频标题有很大帮助。

5.6 坚持原创才有美好的未来

优质的短视频内容必须要有自己的特色，以突出个性。怎样才能凸显自己的特色和个性呢？那就是坚持原创。

由于原创的难度较高，很多人在刚开始创作短视频时都喜欢直接挪用别人的内容，短时间内或许可以取得不错的成绩，但这种做法正是导致内容同质化严重的主要原因。如果长期搬运下去，自己账号的定位就会变得越来越模糊，从而使账号失去特色，很难真正火起来。

因此，坚持原创是我们必须要做好的一件事情。

1. 做好原创内容的定位

定位的问题，我们讲了很多。做原创内容同样要进行定位，也就是我们前期要确定好针对的是哪些受众，以及做哪些方面的内容。

就目前而言，短视频的内容大致可以分为两类：一类是大众娱乐类，如搞笑段子、舞蹈、歌曲等，这类内容能够很好地愉悦心情，受众的心理大多是“我喜欢”；另一类是垂直细分类，即相关领域的知识、技能分享等，受众的心理大多是“我崇拜”。

大众娱乐类内容的目标受众十分广泛，而垂直细分类内容则更为小众一些，但它的优势在于目标受众的黏性和关注度较高，所以认可度及粉丝转化率也会更高。选择原创什么样的内容，要结合自己的特长来确定，这样才能长期保证原创的动力。

2. 不断突破，才有未来

原创内容做起来不难，但想要坚持做下去并不容易。如何保持原创内容的可持续性是很多短视频创作者遇到的难题。这主要受到三个方面的制约：一是策划的内容跟实际制作出来的短视频会存在一定的差异；二是原创内容对创意要求更高，灵感一旦用尽，就很难保持持续性的创作；三是资金有限，给持续性的内容创作带来无法回避的困难。

> **“短”知识分享**
>
> 无论多么火爆的短视频，都不可能长盛不衰，观众的注意力很容易就会发生转移。因此，短视频创作者需要持续创作一系列的优质内容，必须在自身影响力下降到低谷之前及时推出新作品，以便保持长久的吸引力。

对于上述第一点，我们可以多学习短视频的制作技巧，好好打磨自己的作品，精益求精，不要急于发布，尽量使作品趋于完美。

对于上述第二点，就需要我们平时多积累，多关注时下热点，多站在目标受众的角度思考问题，保证创作的内容符合目标受众的需求。

对于上述第三点，最有效的方法就是想办法变现，如接广告、卖货、接代言等。不过这反过来又取决于短视频内容的好坏，毕竟只有优质的内容才更有可能完成变现。

3. 从热点事件中寻找创作灵感

我们身边每天都在发生各种各样的事情，总有一些事情能够引起广大群众的关注。只要你足够敏感，很多事情都可以成为你可利用的素材。将其与短视频内容结合在一起，再加上自己的创意和独特的表现方式，就可以为原创内容增光添彩。

比如，每当出现一个新闻热点时，都会引发一系列的“蹭热点”内容，往往都能获得不少的关注。我们也可以适当地学习这个套路，平时多浏览网站和社交 App，主动了解那些大众关注度比较高的新闻热点，并把这些热点巧妙地运用到我们的短视频内容中。但是，要注意热点与自己账号的定位是否匹配，热点的价值取向是否正确，要慎之又慎。

4. 活跃思维，挖掘生活素材

做原创短视频需要活跃的思维，我们之所以会觉得原创难度较大，很大一部分原因就是思维的固化。所以，我们要时时拓宽自己的视野，努力锻炼自己的逆向思维和发散思维。当创作遇到瓶颈时，我们可以换一种方式去思考问题，或许就能豁然开朗，从而发现更多的内容素材。

要想做好原创内容，我们就要善于从生活中挖掘素材，从中获得启发，并通过一些拍摄技巧增强内容的感染力。短视频内容大多源自生活，只要你拥有一双善于观察和发现的眼睛，就会在短视频创作领域拥有一席之地。

5.7 如何产生有“网感”的好创意

对于短视频创作者而言，创意是一项很重要的技能。业界常说有“网感”的创意，究竟什么是“网感”呢？说得直白一些，就是能够提前感知什么样的内容能火，比如，从日常生活中的细微之处找到能引发大众共鸣的创意点等。

“短”知识分享

“网感”根植于我们对生活的观察，体现了我们对热点事件和人性的认识。所以，“网感”并不是轻易就能模仿出来的，它需要我们在生活中慢慢沉淀。

有些创作者总是绞尽脑汁很长时间也没有灵感，想模仿爆款内容又觉得没有自己的个性，不模仿又不知道该做什么。如何才能走出这种困境呢？我们只要掌握下面这些方法，就能做出有“网感”、有创意的短视频。

1. 给故事来一个转折

由于篇幅的限制，短视频无法按部就班地长篇大论，我们必须用更加精巧简洁的结构来加快叙事节奏，以便在更短的时间内把想表达的内容讲清楚。因此，我们可以通过转折来达到创意的目的。

（1）情景 A→转折点→情景 B

首先，开头的情景 A 通常是一种不佳状态，跟观众在生活中遇到的某个麻烦息息相关；其次，中间某种产品、服务或道具等的出现，就成为一个改变局面的转折点；最后，结尾的情景 B 则展示了问题解决后的状态，并起到了升华主题的作用。

（2）产品展示→转折点→关键信息

首先，展示产品的外观、操作过程，并间接地表达使用体验；其次，在中间设置一个突发变故的转折点，给观众制造一个悬念，也让剧情更加跌宕起伏；最后，展示的关键信息达到了升华价值的目的，并把主题拉回到产品的良好使用体验上。

2. 善用对比展示差异

我们应学会在对比中展示事物的独特性，如通过对比两个同类事物的差异来表达创作者的意图。比如，我们可以通过将产品 A 和产品 B、行为 A 和行为 B 等同类事物进行对比，说明产品 A 优于产品 B，或通过批判行为 A 来衬托行为 B 的可贵。

总之，就是要把自己认可的一方作为对比关系中的优势方，在对比中凸显其独特性。

3. 通过视觉效果博人眼球

短视频受限于时间长度问题，没办法放太多文字，也很难从头到尾讲完一个完整的故事。如果创作者不以讲故事见长，就可以考虑通过视觉效果来吸引观众。这类创意更加强调画面的精美特效，如利用色彩、构图、节奏、运镜等方面的设计来创作令人惊叹的视觉效果。

比如，色彩应该丰富多变，力争在短时间内博人眼球；构图应该注意分屏和多屏的变化；文字造型也是画面元素的一部分，应与色彩形成搭配，强化观众对关键信息的记忆。

另外，这类创意的节奏讲究流动性和连贯性，可采用“慢—快—慢”的剪辑节奏，让每段关键文字至少有 3 秒的展示时间。

4. 无厘头更吸引人

无厘头以荒诞的剧情、幽默的台词、夸张的表演为特征。这种表现手法完全不按常理和逻辑出牌，以玩世不恭的态度解构传统，故而能给观众耳目一新的感觉。无厘头创意对那些比较叛逆、喜欢打破条条框框的观众很有吸引力。

总之，如果感觉在创作内容的过程中总是缺乏创意，不妨试试以上这几种方法，用心体会，终将收获好的选题。

5.8 要有持续输出内容的能力

做短视频账号一定要确保内容的可持续输出，这是非常重要的一点。有的账号虽然短视频内容做得不错，但由于成本很高、人员和场景的要求也高，短视频的输出频率很低；也有的账号的内容非常有创意，可是后期创意乏力，使输出频率变低，等等。

以上这些都是影响优质内容持续输出的主要问题，那么，针对这些问题，有没有什么好的解决办法呢？以下这些技巧或许可以给我们提供一些帮助。

1. 适当地进行内容搬运

所谓“搬运”并不是完全照搬，而是有选择地借鉴并创新。这种方法非常适用于新手。然而，在搬运的过程中，我们要记住以下这些要点。

（1）从经典影视剧里搬运

我们经常看到一些短视频会截取某些影视剧的经典片段来作为内容素材。其实，很多经典的影视剧桥段或情节都是非常吸引人的，我们可以把这些精彩的片段剪辑出来，通过再加工，使之呈现出搞笑或煽情的氛围，从而达到更好的传播效果。

（2）从微信、微博里搬运

微信、微博作为社交平台，同样聚集了大量的用户，他们在上面分享生活中的所见所闻，其中就有不少的热点和趣事。如果你善于发现，就可以将这些内容作为素材搬运到自己的短视频中。

（3）搬运名人内容

名人自带流量，其一言一行都会得到很多人的关注。我们可以借助名人的力量，“蹭一蹭”热点。比如，著名企业家发表的演讲就是很好的素材，我们可以截取其中经典的画面或观点搬运到自己的作品中。

2. 利用融入法快速创作内容

融入法是指找到一个符合自己内容定位的热门话题，然后结合该话题构建一个场景，在这个场景内融入各种创意元素，如不同的人物、事件以及各种“梗”等，完成对短视频内容的快速“组装”。如以“买房”这个话题为例，我们可以进行如下操作。

①先思考要构建一个怎样的场景，想一想在整个买房的过程中，有哪些场景可以运用。发传单、电话预约、接待顾客、看房、

价格谈判、签约……选出你认为最有吸引力的场景用于短视频内容的制作。

②选好了场景后，就要开始融入各种创意元素，如花式发传单、销售员花式邀请、工作人员创意接待、独特的交房仪式……

3. 学会运用场景扩展

场景扩展是在找到目标受众之后，利用特定场景制造话题，以寻找符合观众定位的创意点。比如，我们运营的内容是化妆品，那么，我们的目标受众就是爱美的女性，该如何进行场景扩展呢？

我们可以以一位年轻女性为中心，根据她的生活范围列出她所有的人际关系，即第一个场景扩展，如图 5-4 所示。

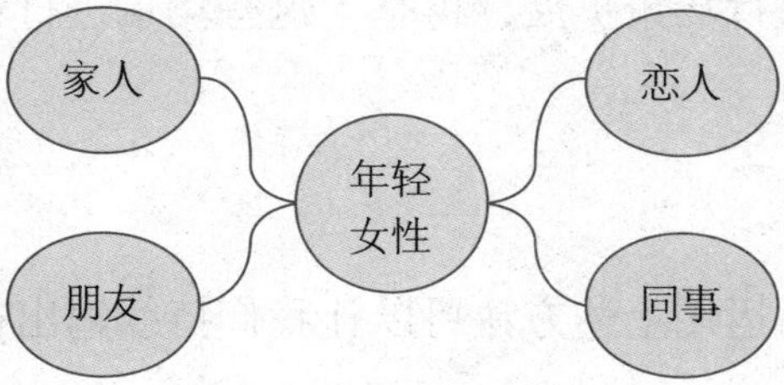

图 5-4 年轻女性的人际关系

根据上面这张图，我们可以再一次进行场景扩展，比如，这位女性会与她身边的人一起去做什么事情呢？这就可以扩展到另一个场景，如图 5-5 所示。

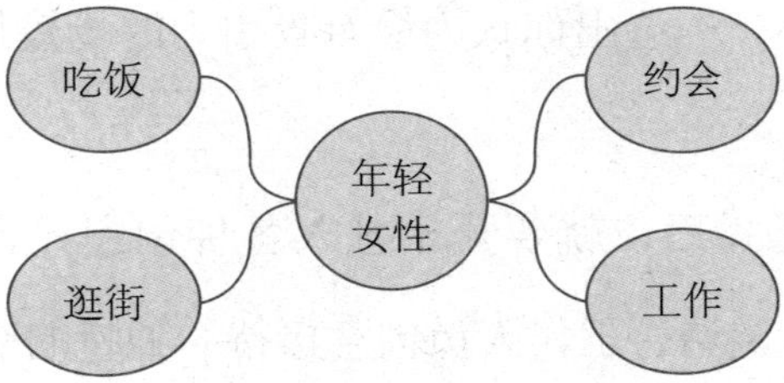

图 5-5　年轻女性与身边的人去做的事

扩展之后，我们就可以为每个场景设置相关剧情，如和朋友一起逛街这个场景，就可以设计成：女主人公在大街上看见别的女性装扮得光鲜亮丽，而自己却灰头土脸；或者是女主人公化妆后在街上大放异彩，引来无数路人的注目，等等。

以上这样的场景扩展，可以为我们的内容创作提供更多的灵感来源。学会了这个方法，我们就可以随时从生活中抓取一个人或一个场景，对其进行场景扩展，再基于这些场景进行创作，也就不用怕找不到灵感了。

总之，灵活运用上述方法可以让我们持续输出符合账号定位的内容，从而持续吸引观众，稳固粉丝数量，保证账号的正常发展。

5.9 内容创作要遵守平台规则

任何短视频平台都有自己的规章制度，如果你的内容存在违规行为，将很难通过系统的审核发布出去；如果进一步造成了比较恶劣的影响，平台就会要求下架相关短视频，降低账号权重，随之减少给予的流量，甚至是永久销号。

由此可见，在短视频的内容制作上，千万不能为了流量不择手段，必须避开一些不能触碰的禁忌，严格遵守平台的相关规则。一般来说，我们要遵守以下规则。

1. 内容输出三观要正

所谓三观要正，指的是短视频的内容在世界观、人生观和价值观上要有良好的导向。我们知道，短视频的大部分观众都是年轻人，这一群体很容易被传播的内容所影响。如果那些不劳而获、投机取巧的不良观点被宣传为成功榜样，势必会影响年轻群体三观的形成和心理的建设。

比如，很多人喜欢通过短视频炫富、秀优越感，造成一种每个人都在开豪车住大别墅的假象。其实，这也是一种不好的导向，而炫耀那些来路不明、与身份不符的财富则更加危险。

虽然很多短视频平台对这些内容并没有明确说明，但我们应该在账号运营之初就杜绝三观不正的内容，不要让“爆雷”这样的事情发生在自己身上。

2. 坚决抵制低俗的内容

经常刷短视频的人都知道，很多平台都会有不少搔首弄姿的短视频内容，这类短视频其实就是在打“擦边球”，难免“俗气”，很容易遭到平台的抵制。自觉抵制色情、低俗内容是每一个短视频创作者应该坚持的原则。

因此，在创作短视频的时候，我们一定要注意着装不能过于暴露，举止要得体，否则一旦触碰平台的底线，短视频将会被下架，账号被“关进小黑屋”，甚至直接被封号。

3. 不加硬性广告

很多短视频平台都是不允许出现硬性广告的。比如，在短视频里出现商品的具体价格和非官方购买渠道，就属于硬性广告。如果短视频中出现一个杯子，还标出了“价格 99 元”和“加微信号有优惠”，这就是明显的硬性广告。

因此，在创作短视频的过程中，我们千万不要加那些平台不允许的广告，这很容易被系统识别。轻则对短视频内容进行限流，重则可能要求短视频下架。

4. 不要出现水印

在短视频后期制作的过程中，如果因为使用一些短视频制作软件而产生了水印，不要直接把带有水印的短视频发布出去，否则是很难获得关注的。

这是为什么呢？因为任何短视频平台都不会免费为其他品牌做广告，一旦在短视频中出现其他品牌的标志或 Logo，系统就会对内容进行限流。因此，对于短视频制作中出现的水印，我们在导出文件时要记得去掉。

5. 不要出现与其他平台相关的字眼

各个平台之间为了争夺观众，多多少少都存在竞争关系。所以，与其他短视频平台相关的字眼最好不要出现在短视频内容中，这会被系统认定你的短视频有导流的嫌疑，或者是给其他平台做广告的嫌疑，从而影响你的短视频的传播效果。

以上这几个方面是我们在短视频创作过程中需要注意的内容。除此之外，涉及危险驾驶、虚假宣传、赌博与毒品等的内容也是必须杜绝的。总之，只有打造正能量且遵守平台规则的内容，我们的短视频运营之路才能走得更加长远。

第 6 章

后期包装：提升观众的感官体验

6.1 一条优质短视频离不开后期剪辑

我们知道，一部电影是由许多镜头组成的，而每一个镜头都是独立拍摄的，需要通过后期剪辑将其串联起来。虽然短视频的拍摄制作比电影简单很多，但是，优质的短视频同样离不开后期剪辑工作。因此，剪辑是一项短视频创作者必备的技能。

我们完成短视频的拍摄工作后，接下来就需要剪辑加工。拍摄的目的在于准备“食材”，剪辑则是把“食材”加工成“大餐”的过程。如果要制作专业一些的短视频，后期剪辑所花的时间甚至比拍摄所花的时间还要多。

因此，作为短视频创作者，我们需要了解以下有关剪辑方面的知识和技巧。

1. 了解镜头的衔接方式

如果你观察得足够仔细，你就会发现很多短视频的画面都是不断切换的，每一个场景的切换其实都是一个分镜头。也就是说，每一个短视频都是由若干分镜头组合成的。这就需要我们在后期剪辑的时候对所有的分镜头进行衔接。

一般有两种衔接镜头的方式，一是利用剪辑点，二是利用转场。

（1）利用剪辑点

剪辑点是指上个镜头和下个镜头中间的交接点。如果两个镜头包含同一个动作，那么我们需要在画面主体有动作的时候进行剪辑。比如，在远景中一个坐着的人正要起身，可以在他刚起身的那一刻进行切换，紧接着衔接到中景，也就是已经起身后的动作。如果两个镜头各包含不同的动作，那就在前一个镜头完成后，接着衔接后一个镜头即可。

（2）利用转场

转场是指从一个场景或镜头到另一个场景或镜头的衔接转换效果，通常用于前后镜头之间没有连续性的情况。具体的转场方式有淡入淡出、叠化、空镜、特写等。

2. 添加清晰的字幕

字幕在短视频中可以起到很好的传达信息的作用。在拍摄的时候，短视频画面中是没有字幕的，需要我们在后期剪辑时加上。任何类型的短视频作品，都最好有清晰的字幕。

有些字幕的字体看起来就显得很高级，我们可以在平时多注意观察和搜集，并将这些素材应用到自己的短视频中去。

另外，重点信息的字幕要与其他字幕有所区别。如使用加粗加大、文字动画等，以便凸显出层次感，从而方便观众在第一时间就关注到短视频所要传达的重要信息。

“短”知识分享

文字动画是指在短视频画面中呈现出的文字动态化的效果。在介绍主题、产品、重点内容时，加入一些文字动画，可以达到凸显这些重要信息的目的。

3. 适当使用一些特效

要想短视频点击率更高，内容就要更加有趣有料。除了在拍摄时下功夫，我们还可以在后期剪辑时加入一些特效，如倒放、照片合集等。

（1）倒放

很多短视频中都有倒放特效的运用，比如，在展示产品时，手掌一打开，产品就从下面飞升上来，然后手一抓，产品就握在手里了。其实，真正的顺序是先抓住产品，然后松开手，让产品掉下去。这就是在后期剪辑时通过倒放特效呈现出的特殊视觉效果。倒放特效可以直接在剪辑软件中使用，操作比较简单。

（2）照片合集

除了直接拍摄短视频，我们还可以将一张张照片通过剪辑合成短视频。比如，将那些有关个人成长、旅行的照片合成一个短视频，然后配上文字和音乐，也是非常有纪念意义的。这种剪辑方式比较适合旅行、育儿类短视频。

当然，短视频的剪辑特效还有很多，这里不再一一介绍。在剪辑短视频的时候，如果内容足够优秀，就尽量不要添加过多的特效，以防喧宾夺主。

6.2 选择时长也是一门学问

剪辑短视频后，最终时长定为多少才最合适呢？相信这是很多短视频创作者都纠结过的问题。因为短视频的完播率、播放的次数都与时长有直接的关系，如果不能把握好时长，那么精心制作的短视频很可能就会功亏一篑。

下面，我们就来看一下选择不同时长需要考虑的几个方面。

1. 15秒

在众多短视频平台中，有不少平台都支持15秒的最佳时长。比如，抖音初期的短视频就是15秒时长，国外的TikTok、Snapchat等社交平台也有类似的时长推荐。那么，为什么是15秒呢？

首先，短视频平台的大多数用户都是年轻人，他们对一个陌生事物的关注很难维持超过15秒的时间；其次，15秒的时长很好地保证了观众的体验，因为各短视频平台的内容量非常庞大，如果单条短视频的时长过长，观众在观看时就需要投入更多的时间和精力，在相同的时间内所能浏览到的内容会减少很多；最后，15 秒的时长也能降低创作者的创作难度。

正是基于以上这些因素，15 秒时长的短视频相对来说更受人们的欢迎。

比如，某舞蹈类达人的每个作品时长都很短，保持在 15 秒左右，以展示美丽的舞蹈姿势为主。其每个短视频展示几个精彩的舞蹈动作，加上几秒的互动内容，既简单又凸显特色。

2. 30~60 秒

虽然 15 秒时长有着很多优势，也是常见的短视频时长，但是随着短视频的不断发展，越来越多时长较长的短视频也开始出现。尤其是一些有剧情的家庭类短视频，以及美食制作类短视频等，它们的时长已经达到了 30~60 秒。

将有故事情节的内容制作成短视频，60 秒足以把故事叙述完整；把一道美食的制作过程完整地呈现出来，60 秒依然足够。

比如，某知名美食类达人的每个作品时长都在 60 秒左右，从准备食材，到制作过程，再到成品展示，60 秒左右的时间刚刚好，可以很详细地展示每一个步骤。而对观众来说，花 60 秒的时间就能学会一道菜，这点儿耐心还是有的。

3. 1分钟以上

相信很多人都看过时长超过 1 分钟的短视频，而且居然可以从头看到尾，是什么样的魔力让这样的“超长”短视频也能够获得观众的喜爱呢？答案肯定是内容足够好、有吸引力。通常这种短视频都比较专业、有深度，如测评类短视频、电影解说类短视频、传播传统技艺的短视频等。这些内容一方面是观众的刚需，另一方面能够引发观众的强烈好奇心，从而让观众有足够的耐心看完 1 分钟以上的视频。

比如，某传播传统技艺的达人，其短视频内容是通过手工还原古代“奢侈品”，四个月就圈粉几百万。其每一条短视频的时长都在 5~10 分钟，这足以说明“超长”短视频也有很高的市场关注度。

从短视频平台的数据来看，无论是 15 秒，还是 30~60 秒，甚至是 1 分钟以上，每个时长区间都有无数的优秀作品，这足以说明时长并不是决定内容好坏的关键标准。选择什么样的时长，需要根据自己账号的定位来灵活确定。

需要注意的是，无论选择什么样的时长，一定要保证每一秒都是必要的，能用 15 秒描述清楚的就不要用 16 秒，能用 30 秒描述清楚的就不要用 31 秒。胜败有时候就在 1 秒之间，多 1 秒的高效输出就有可能胜出，多 1 秒的无效输出就有可能失败。总之，保证每一秒都是有效输出，是优质短视频的共同点之一。

6.3 优质封面能瞬间吸引观众的注意

一条短视频能否被观众点击，其标题和封面起着决定性的作用。所以，制作一个具有吸引力的封面，更容易获取可观的流量，甚至获得超过预期的热度。

通常，短视频封面起着预告、补充标题的作用，能够向观众传达文字无法描绘的画面感。观众停留在短视频封面上的时间往往不会超过 3 秒，如果封面上所显示的内容无法成功吸引观众，那么短视频被点击的概率就会大大降低。

既然封面如此重要，我们该如何进行设计呢？以下是一些高点击率封面的共性，可供大家参考。

1. 紧扣核心内容

短视频的封面应该起到提纲挈领的作用，因此，哪一个画面最符合该短视频的主题，我们就可以把它截取出来作为封面。比如，针对旅游类短视频，我们可以把具有标志性的景点画面设置为封面，这样既直观又简洁。此外，封面最好包含目标受众感兴趣的内容，以便将他们的好奇心激发出来。

2. 呈现最精彩的画面

短视频的封面也可以截取整个短视频中最精彩的画面。比如，运动员精彩的动作、萌宠可爱的瞬间等，都有很好的吸睛效果。

另外，一些色彩艳丽、颜色对比强烈的画面也是很好的封面选择。颜色的对比越强烈，越容易营造一种艺术氛围，让你的作品在众多短视频中脱颖而出。

3. 直观明了

短视频的封面不用过于复杂，而是要情绪鲜明、直观明了，把最重要的信息体现出来即可。如果封面杂乱无章，反而无法让观众快速获取重要信息。同时，越简洁明了的封面过审的速度就越快，也有助于更好地展示内容的核心价值。

4. 加上文案

短视频的封面上还可以加上一些文字，把信息更快速地传达给观众。封面有了文案，起到的效果会比单纯的画面好上很多。所以，当你觉得封面还缺点什么的时候，不妨加点文字进去。

5. 尺寸要合适

短视频封面的尺寸剪裁要合理，不要出现内容不全、画面变形的情况，分辨率最好是 1280×720，大小不低于 50KB。清晰的封面展示能提供更多的信息和美感，让观众有更加顺畅的阅读体验。

6.4 横屏、竖屏如何选，效果最佳

不同人对事物的评价标准是不一样的，比如，同样一个事物，有的人看它是美的，有的人却觉得它很丑。在短视频的制作过程中，我们也会遇到同样的问题。比如，横屏和竖屏这两种展示方式究竟哪种的呈现效果更好呢？

不同的短视频平台对横屏、竖屏的喜好也不一样。比如，抖音、快手平台的竖屏内容更为常见，而哔哩哔哩、西瓜视频则更倾向于横屏。

作为短视频创作者，我们有必要了解这两种展示方式各自的特点。

1. 竖屏展示更全面

大多数观众都是通过智能手机来观看短视频的。智能手机虽然方便，但是屏幕比较小，选择竖屏的展示方式就可以让画面充满整

个手机屏幕，最大限度地将内容展示出来。所以，我们看到的大多数短视频都采用竖屏方式。

比如，一些风景类短视频，采用竖屏的方式可以更好地展示出那种气势磅礴、深邃的感觉，让人身临其境地感受这份无与伦比的美丽。这是横屏展示无法达到的效果。

2. 横屏展示更适用于语言类短视频

横屏展示通常只占手机屏幕的中间部分，如果想使画面充满屏幕还需将手机转 90 度变成横持，在视觉冲击力上不如竖屏，适合那些对画面效果要求没那么高的语言类短视频。对语言类短视频来说，画面并没有那么重要，创作者的解说和要输出的观点才是最重要的。比如，电影解说类、时事评论类、讲坛类短视频通常都采用横屏展示。

总体来看，选择横屏还是竖屏的展示方式，需要根据自己账号的内容来定。在没有特殊要求的情况下，竖屏方式更加适合我们，也更加符合观众的观看习惯。不过，需要注意的是，一旦选择了横屏或竖屏，那么，在同一个平台发布的所有短视频的展现形式最好都保持一致。当然，也可以在拍摄的时候采用横屏、竖屏同时拍摄的方式，这样在不同的短视频平台可以采用不同的展示方式。

6.5 根据内容选择合适的 BGM

无论短视频中的内容、特效有多精彩，如果没有 BGM（Background Music，背景音乐）的加持，效果就会大打折扣。

对于 BGM 的选择，没有固定的标准，但是也不能随意地生搬硬套。许多短视频虽然在内容上差不多，但由于配乐的不同，所获得的点赞量有着很大的区别。因此，短视频创作者对 BGM 的选择一定要慎重。

那么，什么样的 BGM 能帮我们提升画面内容的呈现效果，从而让观众更加喜欢我们的短视频呢？这就要求我们在后期配乐的时候，做到以下几点。

1. BGM 一定要符合内容特点

不同的内容需要不同类型的 BGM，我们首先要对自己的内容有所了解，要明确所要表达的具体情绪，然后选择相应的 BGM 来匹配。比如，情感类短视频应搭配舒缓的 BGM，搞笑类短视频则应搭配欢快的 BGM，等等。BGM 只有与内容相契合，才能达到趋于完美的效果。

下面，我们以当下比较热门的几类短视频来说说 BGM 的具体选择方法。

（1）美食类

我们常说，唯有爱与美食不可辜负。美食能够治愈心情，能够缓解压力，带给人美妙的感官体验。因此，美食类短视频最好搭配让人欢快愉悦的纯音乐。

（2）旅游类

大多数观众都对远方充满了向往，旅游类短视频正好能够满足他们的需求。对于那些雄浑壮阔的风景，可以搭配大气磅礴的 BGM；而对于那些小桥流水的美景，则可以搭配轻快悠扬的 BGM。

（3）时尚类

各大短视频平台上还有很多时尚类短视频，如街拍、舞蹈、走秀等。这类短视频时刻洋溢着浓厚的时尚气息，所以 BGM 也应该更现代一些，如流行乐、摇滚乐都是非常好的选择，符合年轻人对时尚的追求。

2. 学会借网红音乐的“势”

对于网红音乐，我们可以适当地借势。若与我们的内容契合，就可以将其应用到自己的短视频中去。但是，切记不能盲目跟风，同时也要注意是否存在版权问题。

短视频创作新手可以先从短视频 BGM 热榜中入手，“蹭”音乐热度，用以丰富短视频的内容。

3. 根据内容节点切换 BGM

我们的短视频通常由多个镜头组成，每一个镜头的切换有长有短，这就是所谓的节点。通常来说，每一个节点的切换可能也伴随着音乐的切换。那么，如何根据这些节点切换 BGM 呢？

在配乐之前，我们可以对拍摄的素材进行大致梳理，粗略把控短视频的整体节奏，弄清楚短视频的节点在哪里，以及哪里需要切换 BGM。之后，我们就可以据此安排 BGM 的切换。

BGM 运用得当，不仅可以引导观众的情绪，渲染情感氛围，提升短视频的呈现效果，而且对短视频完播率和互动率的提升有很大的作用。创作者若想在制作短视频的过程中不为配乐烦恼，就要在平时注意对音乐素材的搜集整理。只有短视频内容与 BGM 相辅相成，你的短视频才能获得更好的传播效果。

6.6 好文案更能激发观众的共鸣

短视频的文案到底重要吗？有的人说，就几十秒的短视频，只要画面足够吸睛，文案也没有那么重要。其实，文案对于短视频而言，可以起到非常好的辅助作用。

文案是创作者通过文字来表达自己观点的方式，若写得好，甚至比画面更能俘获人心。那么，如何才能写好短视频的文案呢？

首先，我们要了解短视频的具体内容，包括细节、BGM 等；其次，对这些信息进行筛选和整理加工，确定短视频的主题和切入点；最后，把这些信息转化为文字，形成文案。在这个过程中，我们要找到观众的共性，挖掘出他们的共同话题，或面临的相同“痛点”，然后表达出我们的态度（文案），从而在情感上与观众产生共鸣。

通常来说，可以通过以下几种方式来创作短视频文案。

1. 互动式文案

互动式文案其实也就是向观众提出问题，根据短视频的内容提出有争议性的问题，引起观众的兴趣或共鸣，从而引导他们做出回应。

比如，一个有关幼儿园接送孩子的短视频配上了这样的文案："其他小朋友都是妈妈来接，而'80后'的我看起来就像奶奶！"这个文案首先就把"80后"这一群体吸引住了，然后，关于"接送孩子""年龄"的讨论一下子就多了起来，于是就有了许多互动。

2. 悬念式文案

很多短视频的精彩之处往往都在后半段，如何才能引导观众看到最后呢？悬念式的文案就可以很好地解决这个问题。

比如，一些搞笑类的短视频，前半段剧情相对平和，后半段往往让人笑得前俯后仰。针对这类短视频，我们就可以通过文案来引导，如"一定要看到最后，坚持住别笑出声"等。

3. 叙述式文案

通过叙述内容来编写文案是一种比较直白且高效的方式。不过，这种方式需要配合一些引人入胜的故事情节或搞笑的段子，以达到更好的叙述效果。因此，这种方式对内容本身要求比较高，否则，观众很难坚持看下去。虽然是叙述，但文案也要讲解得尽可能地生动有趣，这样才能引起粉丝的情感共鸣。

4. 段子式文案

大家都喜欢听段子，段子是吸引观众的最好方式之一。段子式文案同样需要与有很强画面感的内容搭配，以便把观众代入场景中去。

比如，有些人对当下平凡的生活始终保持着乐观或自嘲的态度，写出了相应的段子。这样的段子配上主人公到位的表情制作出的短视频，常常能引人一笑，让人记忆深刻。

5. 总结式文案

对于“干货”类的短视频内容，我们可以用总结式的文案给观众提供明确的信息。

比如，在分享各种知识和窍门时，用最简洁的文案来总结内容：“3 个步骤，教你清理手机内存！”“创意拍摄的 5 个技巧，你值得拥有！”“减肥的 6 种方案，总有一个适合你！”……这样的文案也非常吸引观众。

所以，如果你的短视频内容是日常“干货”，那么，总结式文案就很适合你。

文案的写作方式还有很多，以上这些只能作为参考。好的文案能够触达观众的内心深处，并引起他们强烈的共鸣。到底什么样的文案创作方式才最适合你，最终还是要根据内容来定。如果想写出更好的文案，平时一定要多多关注热门的广告语和精彩句子。有了丰富的积累，自然就能创作出好的文案。

第 7 章

运营推广：有流量的短视频才有价值

7.1 了解平台推荐算法

众所周知，短视频平台都是通过推荐算法来投放内容的，不同的平台使用的推荐算法略有差异，这属于各个平台的机密。对于每一个短视频创作者来说，发布的每一条短视频都会得到平台反馈的相关数据。这些数据就是由推荐算法产生的，它会直接影响你的短视频曝光量。

因此，如果我们能够弄清各个短视频平台的推荐算法与机制，那么对自己账号的运营推广会有很大的帮助。

1. 平台推荐算法的流程

短视频平台每天都有成千上万的短视频产生，如此巨量的短视频靠人工审核是无法完成的，因此，推荐算法就应运而生。依靠算法的智能化推送可以更好地完成对短视频内容的审核，这也是推荐算法存在的意义。虽然各大平台的推荐算法各有特色，但它们的基本流程大体都是相同的。

（1）审核与筛选

对于短视频创作者上传的内容，系统的首要工作就是审核，包括短视频中的画面、文案及标签等。通过审核可以剔除一些违法的、敏感的、不符合平台要求的内容，经由这样筛选过的短视频才能成功发布出来。

（2）推送到小的流量池

经过筛选的短视频内容会被系统随机推送到小的流量池中，如推送给带有符号标签的观众。这些观众点击短视频后会形成一些反馈数据，这些数据会被自动上传到平台，平台根据算法决定是否进行下一步的推荐。如果该短视频的点赞量、播放量、转发量、评论量都很高，那么就会被平台再次推荐。相反，如果该短视频没有多少人观看，平台就会中止推荐，使其最终沉没在海量的短视频中。大多数短视频会止步于此。

> **“短”知识分享**
>
> 平台算法推送也是可以被人为干预的。一般来说，平台会给那些头部达人更多的流量，他们发布的短视频只要通过审核与筛选，就能直接进入大量推送环节。

（3）推送到更大的流量池

一条短视频如果顺利通过了前两步，那么将非常幸运地迎来大批的流量。通常，只有少数短视频能从小流量池中脱颖而出，从而得到进入更大的流量池的机会。小流量池推送就相当于一个小范围测试，看看观众是否对该短视频感兴趣，只有通过了这个测试，平台的推荐算法才会将该短视频推送给更多的观众。更大的流量池意味着更多的曝光和播放量，爆款短视频就是这样产生的。

（4）重复推荐

短视频平台在收集到海量数据之后，还会不断完善自己的推荐算法机制，然后在上述三个步骤中循环往复，不断寻找适合大量推送的爆款短视频。

2. 抖音、快手的算法特点

在所有短视频平台中，抖音和快手是比较火热的两个平台，也是很多初级短视频创作者的首要选择，我们有必要了解一下它们各自的推荐算法。

抖音平台的推荐算法采用的是“去中心化”的方针。短视频创作者在抖音平台上发布的作品，若符合审核标准，可在发布后得到一定的推荐量，给创作者提供了一定的曝光机会。也就是说，抖音的推荐机制就是通过算法给每个创作者分配一个流量池，只要创作者的短视频在这个流量池中表现出色，就有机会被推荐给更多的观众。

快手平台的推荐机制与抖音不同，它主要是由短视频的播放量和完播率决定的。之所以这样做，是因为这样可以杜绝用“水军”刷流量的作弊手段。可见，快手的推荐算法着眼于筛选出观众真正认可的短视频内容，即短视频被平台随机推送给少数首批观众后，只有播放量和完播率较高的短视频才会被推送给更多的观众，否则就不会获得更多推荐。

7.2 衡量短视频流量的五个指标

一条短视频是否有流量，只需要看这几个指标就知道了，分别是播放量、完播率、点赞量、评论量和转发量。因此，在制作、推广短视频的时候，我们要考虑如何吸引观众点击观看短视频，看完短视频后怎样引导观众点赞或评论，甚至转发出去。如果每个环节都比较完美，那么这条短视频离成为爆款就不远了。

1. 播放量

播放量是分析短视频流量时最直观的数据。一条短视频火不火，可以直接从播放量的具体数据中表现出来。播放量的多少反映了短视频的曝光量如何，即有多少人观看了这条短视频。

我们运营账号时，一定要学会分析短视频播放量的数据，通过这些数据去寻找规律。比如，我们可以收集与自身领域相关的 50 个播放量很高的短视频，然后分析这些短视频的选题内容、标题文案等，通过对比从中找出影响播放量数据的规律所在。

这些通过对比得出的经验，对账号的运营和推广是非常有参考价值的。

2. 完播率

完播率是指看完整个短视频的人数在总观看人数中所占的比重。完播率是当下的短视频平台推荐算法机制中一项重要的指标。与播放量相比，完播率对一条短视频是否火爆有更重要的影响。

比如，一条短视频发布后，系统自动将其推荐给了 1000 个人，有 80% 的人看完了整个短视频，并且进行了评论、点赞、转发等互动行为，系统就认定这是一条优质的短视频，接下来会推荐给更多人观看。相反，如果只有 20% 的人看完了整个短视频，系统就会认为这条短视频内容不够优质，从而不再进行推荐。

3. 点赞量

点赞量是指短视频在发布后所获得的观众点赞的数量。观众看到精彩的短视频内容后，会通过点赞来表达自己对短视频内容的赞美和认同。内容创作者也经常会在短视频中加入引导观众对短视频内容进行点赞的提示。

我们都知道，现在各个短视频平台的推送机制主要依赖于大数据技术，即利用系统反馈的海量数据来判断短视频的内容是否优质，是否要进行更大范围的推送。而这些技术手段也包括对观众点赞、留言、收藏等数据的分析，这也是许多短视频创作者如此重视观众点赞量的原因。

4. 评论量

短视频作为一种新媒体传播形式，很重要的一个特点就是创作者和观众之间可以进行双向的互动。比如，观众看完短视频内容后，若对内容感兴趣，或是有不同的意见和想法，就可以点开短视频的评论区发表自己的观点。

一条短视频的评论量越多，说明观众对短视频内容越关注。所以，分析短视频的评论量对优化短视频的选题内容、提升粉丝的黏性有着重要的意义。

如何才能提升评论量呢？除了制作优质内容外，我们还可以通过设置有争议性的内容或标题来引发观众的评论，并在评论区和观众保持互动。若能确保评论区的持续性热度，则更容易形成一个螺旋式的传播过程，引发更多人的围观，这样短视频的播放量也会持续得到提升。

5. 转发量

短视频平台还有一个重要的功能就是转发。转发相当于免费做推广，这对提升短视频的热度也是非常重要的。观众看到好的短视频内容后，就会想要分享给自己身边的亲朋好友，短视频经过不断地转发，就形成了裂变式的传播效果。

比如，某个短视频平台本来只有一条这样的短视频，如果有 100 个平台观众转发了该条短视频，那么就相当于有了 100 条这样的短视频。这种裂变对提升短视频的播放量具有非常重要的作用。

如果我们的短视频是有关带货的内容，那么观众的转发、分享还可以为我们吸引更多的精准观众，有助于提升我们的粉丝量和营销精准性。长期来看，这对粉丝的转化是很有帮助的。

7.3 合理安排发布时间能让你事半功倍

影响短视频获得流量的因素有很多，发布时间就是其中一项。很多短视频创作者在制作完短视频后，认为只要内容足够好就可以获得流量，没有必要讲究发布时间，这样的想法难免有些片面。

许多观众都会在固定的时段刷短视频。短视频的播放量、点赞量和发布时间有着密切关系。因此，在大量观众集中刷短视频的时段发布作品，可以起到事半功倍的效果。

1. 发布短视频的黄金时段

到底什么时候发布短视频是合适的呢？下面将为大家列出发布短视频的几个黄金时段，如图 7-1 所示。

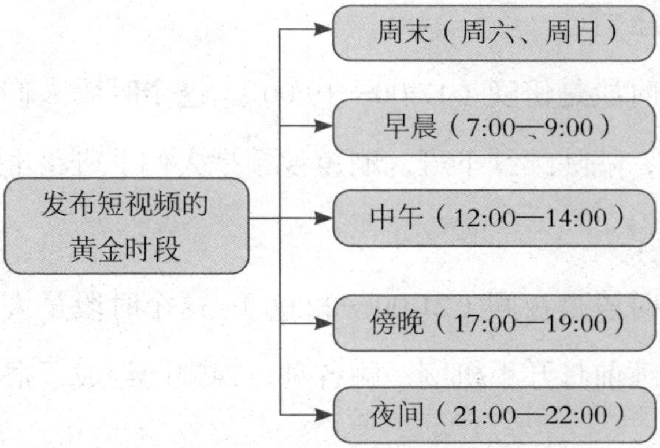

图 7-1　发布短视频的黄金时段

从图 7-1 可以看出，发布短视频的黄金时段，一是每周的周末，二是每天的四个时段。

（1）周末是观众娱乐时间最多的时段

对于大多数观众来说，周末是休息的日子，也是他们可以自由地刷短视频的日子。而对于创作者来说，周末的时间也相对自由，可以想什么时候发布就什么时候发布。

（2）抓住一天中观众在线最多的四个时段

在工作日中，人们只能在工作之余刷短视频，通常有四个时段是比较适合的。

第 1 个时段是早晨（7:00—9:00）。这个时段通常是人们出门上班的时间，很多人的通勤时间都在 1 个小时左右，无论是乘坐公交还是地铁，刷短视频都是打发时间的好方式。

第 2 个时段是中午（12:00—14:00）。结束了一上午的工作，人们开始进入午餐和午间休息时间，这个时段人们也会通过刷短视频来缓解工作压力。

第 3 个时段是傍晚（17:00—19:00）。这个时段人们基本结束了一天的工作，陆陆续续下班，刷短视频是人们下班路上消磨时间的好方式。

第 4 个时段是夜间（21:00—22:00）。这个时段是人们最放松的时候，在入睡前打开手机刷一刷各种短视频已经成了很多人的一种习惯。

2. 发布时间的选择方法

了解了这些适合发布作品的主要时段后，具体应该怎么选择呢？我们可以尝试以下几种方法。

（1）选择固定时段发布

所谓固定时段发布，就是指在以上几个时段中选择一个，然后坚持每天在这个时段发布作品。这样做的好处是观众总能在这个时段刷到你的账号，次数多了就会逐渐产生兴趣，从而提升你的账号被关注的概率。

（2）适当地错峰发布

虽然在以上几个时段观众最为集中，但如果所有创作者都挤在这几个时

“短”知识分享

不同的观众群体有着不同的观看习惯，创作者要充分考虑观众群体在日常生活中对时间和精力的具体分配方式，并估算好他们在各个碎片化时段中可以接受的信息量，以便使作品被更多的人看到。

段发布作品，势必也有被淹没的可能。因此，在这几个时段前后半小时到一小时内发布，也是值得尝试的。

我们在这些时段发布作品后，可以将在各个时段发布的效果进行对比，选取效果最好的时段作为以后发布作品的主要时段，从而为自己的作品争取更多的流量。

7.4 学会借势，让短视频步入快车道

对互联网行业有所了解的人，大多都知道“借势”这个词。在互联网行业，曾经有一句很有名的话：站在风口上，猪都能飞起来。可见，互联网时代的任何一个品牌都需要通过找到“风口”来展示自己。

当下，短视频账号的运营也同样如此。想要在众多短视频中脱颖而出，除了要稳扎稳打，还要善于借助外力。所以，在条件允许的情况下，我们完全可以通过借势，让自己的账号流量快速增长。具体有以下几种方法。

1. 借势“大号”热度，在评论区引发关注

短视频的每个垂直细分领域都会有粉丝很多的“大号”，我们可以在与自己账号内容类似的“大号”下面进行评论，以此引起“大号”的观众对我们的好奇，从而达到推广吸粉的效果。评论的

时候不要过于简单，那些无关痛痒的话只是在为别人增加评论量而已。

那么，什么样的评论才能让“大号”的观众对你产生好奇呢？可以是容易引起争议的评论，如对“大号”发布内容的新解读等；也可以是一些搞笑的评论或故事分享；还可以是一些触动心灵的文字、“金句”改编等。

需要注意的是，评论不能完全照搬别人的，一定要加入自己的观点，保持自己的独特性，最好是原创的评论，这样才能真正让观众注意到你。

2. 借势热门话题，发布同款内容

在发布作品的时候，我们可以在标题引导语中加入热门话题的名称，即采用“#”+“话题名称”的形式。如此一来，当有观众点击相同话题时，你的短视频内容也会被展示出来。

需要注意的是，在借势热门话题时，我们也要提前分析当下的热门话题是否与自己的短视频内容相符。如果自己的内容与热门话题毫不相干，这样的借势就很有可能会起到负面影响。

3. 邀请同类账号进行互推

许多账号都希望能够获得合作互推的机会，这样就可以发挥“1+1>2”的效果。因此，我们可以寻找与自己内容风格比较接近的账号，彼此合作，进行互推，把两个账号的流量集中到一起，把没有重叠的粉丝导流给对方，以此形成双赢的局面。当然，互推的账号不仅要风格接近，双方账号的粉丝量也要相当，否则就很难进行合作。

总之，通过借势，我们的账号可以获得更多的流量。但是，在借势的过程中，我们一定要保持谨慎的态度，否则一步走错，有可能之前付出的时间、精力就都白费了。无论在哪个平台，善于借势，与其他账号多多合作和互动，都可以使自己账号的曝光度增大很多。

7.5 用 SEM 推广模式提高短视频曝光度

短视频发布后能获得多大的曝光度是运营者比较关心的，因为曝光度的高低决定着短视频内容能否被更多观众看到，同时也间接影响了短视频内容能否得到更多观众的青睐。所以，在发布短视频后，如果能在短时间内提高其曝光度，短视频成为爆款的概率就会大大增加。

那么，如何才能提高短视频的曝光度呢？这里介绍一种 SEM（Search Engine Marketing，搜索引擎营销）推广模式。

SEM 推广模式整合了百度、搜狗等几大常用搜索引擎营销技术以及社交平台等网络推广手段。利用 SEM 推广模式可以让观众通过搜索获得有关短视频的相关信息，从而激发观众的观看行为，起到良好的推广效果。

和其他的推广方式相比，SEM 推广模式有着更多的优势。在应用这种模式时，吸引来的观众是通过主动搜索选择的短视频，因此和短视频的调性更加契合，是短视频创作者的潜在目标受众，他们的关注可以迅速提高短视频的曝光度。

对于短视频创作者来说，SEM 推广模式主要包括以下三个方面，如图 7-2 所示。

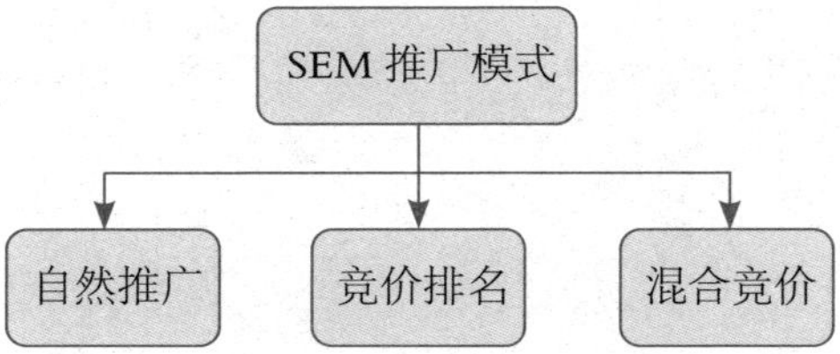

图 7-2　SEM 推广模式

1. 自然推广

自然推广是最简单也最省成本的一种推广方式，简单来说，就是将短视频发布到网络平台之后，将要推广的短视频通过网页等形式放入搜索引擎。搜索引擎会对短视频中的关键词进行抓取，当观众搜索相关关键词时，搜索引擎就会弹出该短视频。

搜索引擎的这种抓取关键词的特性，使得关键词成为 SEM 推广过程中的重中之重。因此，作为短视频创作者，我们在选取关键词时一定要用心。比如，我们可以在前期对目标受众的搜索习惯展开调查，然后整合、分析数据，得到出现频率较高的关键词，最后把这些关键词添加到短视频的标题、标签或文案中。

2. 竞价排名

自然推广虽然成本比较低，但是由于不同搜索引擎的抓取规则有一定的差异，因此存在一些不确定因素。这些因素可能导致观众无法搜索到我们的短视频，或是搜索到我们短视频的概率不太高。另外，自然推广取得效果的过程比较漫长，往往需要一段时间的推广酝酿。如果想在短时间内取得不错的推广效果，我们可以采用竞价排名的方式。

竞价排名是指向搜索引擎方付费购买相应的广告位，即当观众搜索相关关键词的时候会优先弹出我们的内容。以百度为例，百度在搜索结果上设有专门的广告位，且在广告位的下方标注有“广告”的字样。

3. 混合竞价

将前两种推广方式的特点加以整合就形成了混合竞价方式。短视频创作者要想通过这种方式对短视频进行推广，就需要考虑资金问题和短视频的点击率问题。

对于资金问题，我们要提前根据自己的实际情况做出财务预算；而对于短视频的点击率问题，我们可以使用社交平台共同推广或是加入其他推广方式等进行多渠道联合推广，如在微博上发布短视频链接等。

7.6 易“踩坑”的几个短视频运营误区

很多短视频运营者在运营初期或多或少都踩过“坑”，导致走了不少弯路。因此，作为短视频创作者，我们应该避开以下这些运营误区。

1. 杜绝“不养号”的行为

保持账号的活跃度、互动度是一件很重要的事情，账号运营者一定要做好账号的基本维护，并通过一些手段来主动“养号”，以提升账号权重，从而获得更多的推送量。因为大多数短视频平台都更为青睐那些能够产出高质量内容、垂直领域内容的账号，也会给予这些账号更多的流量扶持。

“养号”的核心目的就是提升账号权重，避免账号因被系统判定为营销号而遭到限流。想要提升账号权重，我们需要花点时间做好以下这些工作。

①每天登录账号，并时不时地刷新信息流，多给优秀作品点赞、评论。

②尽量保证账号头像清晰、信息完善。

③尽量绑定微信、QQ、微博等第三方账号。

④进行实名认证，有条件的还可以进行企业认证。

⑤适当关注一些自己喜欢的账号。

2. 杜绝盲目追热点的行为

很多短视频运营者为了获得更多的流量，想通过一些捷径快速做大做强。其实，在短视频运营初期，如果盲目地追求流量、点赞量等数据，我们就很容易迷失方向。追热点确实是获得流量和粉丝的有效方法，但是一定不能乱用。

如果一味地追热点，则可能导致制作的内容和自己账号的定位不符，导致账号内容的垂直性和差异性受损，也会降低观众对自己账号的认知度和价值感。这样换来的流量和粉丝是得不偿失的。

作为运营者，我们一定要记住，无论追什么热点，最后都要与自身定位契合，即把热点和我们自己的内容定位相结合，这样才能维持一个稳定清晰的人设。

“短”知识分享

运营短视频账号时，一定要遵循平台规则，在规则范围内展示自身的才华，不要在规则边缘试探，不要存有侥幸心理，否则就是一种极不负责任的表现。

3. 杜绝随意删除短视频的行为

每个短视频平台都有相关的规则。很多创作者可能连平台规则都没有了解清楚，就迫不及待地开始运营账号，但凡对发布的短视频觉得不满意就直接删除，从而导致账号被限流。

其实，创作者在正式发布内容之前，需要先做好账号定位，对自己的内容做好规划。尤其对于企业而言，账号发布的内容代表着企业的形象。随意删除短视频，很容易引起粉丝的流失，降低账号的权重。

因此，短视频创作者在发布内容前，一定要对内容进行慎重思考，做好充分的准备，在发布后不要随意删除作品。

4. 杜绝唯数据论的想法

在账号运营初期，我们不要过度关注各项数据。如果内容没有做好，数据肯定是不好看的。但数据只能作为一个参考。我们应该把更多的精力放在如何制作更优质的内容上，不要整天因为数据而焦虑。

唯数据论，很容易打击新手的自信心，甚至导致他们最终放弃短视频的创作。所以，新手在运营短视频账号时要保持平和的心态，把每一条发布的短视频当作发出去的传单，能吸引粉丝最好，吸引不来也不要灰心。只要我们多关注内容本身，专注地拍好每一条短视频，数据总有一天会好起来的。

以上这几点是短视频运营者在运营初期时需要特别注意的问题。调整好自己的心态是最重要的，我们应该把运营短视频账号当作一项长期的事业，千万不能急功近利，否则很难走得长远。

第 8 章

流量变现：实现短视频的商业价值

8.1 广告变现，与品牌方合作盈利

广告变现是非常常见的变现路径。许多短视频创作者都有一个刻板的印象，那就是必须拥有大量的粉丝才能实现推广合作。其实这是一种错误的认知。一个账号哪怕只有 1000 个粉丝，也有实现广告合作的可能性，为什么这么说呢？

首先，从“金主”方的立场出发，他们在寻求合作的时候，更多考虑的是账号领域的契合度，如果你的账号领域与广告商有足够的契合度，粉丝黏性较高，那么你的账号就有合作的价值。其次，“金主”方在做营销推广的时候，会采用“1+n”的组合，即一个“大号”制造热点，n 个关键意见领袖辅助，形成网

> **“短”知识分享**
>
> 通常，账号粉丝量的多少决定了账号自身广告议价的能力。粉丝量越少，议价能力越弱，反之则越强。另外，任何一个短视频平台的合作报价都有一个基础范围。

状的推广模式。所以，即便是粉丝数量较少的优质账号，也一样能获得变现的机会。

那么，我们要怎么做才能更好地实现广告变现呢？

1. 选对合作的广告形式

想要实现广告变现，首先要对广告变现的方式有所了解。对于拥有众多粉丝的账号和达人来说，广告是最直接的变现方式，只需要在短视频中加入广告即可获得收益。通常来讲，在短视频中加入广告的形式可以分为以下几种。

①植入广告：即做软广告，这种方式既不会在短视频中直接介绍产品，也不会出现有关产品的信息，而是将产品直接融入短视频情节中，在潜移默化中让观众注意到产品信息，如在短视频中的背景或摆件上打上广告的 Logo 等。

②冠名广告：主要通过挑战赛的形式进行，短视频创作者在平台上策划一些有吸引力的挑战活动，并设置赞助环节，以吸引有合作意向的广告商，然后通过片头展示、主播口述、片尾鸣谢等方式对广告进行展示。

③贴片广告：一般出现在短视频的片头或片尾，紧贴短视频内容，主要通过展示品牌本身来吸引观众。

在选择广告合作方式时，我们要知道不同的账号运营水准不一样，变现必然会受到一定的影响。因此，在进行广告变现的时候，一是要保证账号有一定的人气基础，二是要保证所植入广告内容的优质，这样才能获得理想的变现效果。

2. 广告要与自身内容契合

当下，消费市场越来越细分，只有找准目标消费者才能实现交易的达成。所以，在进行广告变现之前，一定要深入研究目标受众的具体需求，然后结合自己的短视频内容，进行综合考量，要注意品牌的内涵与短视频的内容属性是否相符。目标受众与广告的目标消费人群重合度越高，契合度越高，广告效果越好。反之，广告不仅起不到推广的作用，甚至会带来负面影响。

3. 广告要有“笑点”

广告无论植入得多么巧妙，在没有相关需求的人面前，都很容易遭到抵触。那么有没有办法改善这一情况呢？答案就是把广告变成“笑话”。当广告不再是广告，而是让人开怀一笑的段子后，推广也就成功了。

赋予广告更加幽默的内容，让广告成为短视频中的“笑点”，不仅可以将广告与目标受众紧密联系起来，还会激发观众深入了解的欲望，以及分享和思考这个广告背后的品牌价值。

制作幽默的广告需要一些技巧。比如，利用面部或肢体动作达到一定的幽默效果，如夸张的表情、搞怪的行为等；又如，在短视频广告中活用双关语，一语双关的幽默效果是很明显的；再如，用反差的方式展现幽默，异于常人的思维模式很容易令人捧腹大笑。总之，广告需要有足够的创意才会被观众喜欢和记住。

8.2 IP 变现，用流量创造商业价值

我们的短视频账号成为一个 IP 后，就拥有了 IP 变现的可能。众所周知，每一个短视频“大号”都是一个 IP，当 IP 遇上品牌后会发生什么呢？

1. 流量就是价值

IP 意味着巨大的流量，而当下谁掌握了流量谁就拥有了市场。其实这就是“粉丝经济”，能成为 IP 的账号，其粉丝数量一般都很多，这些 IP 拥有者的一举一动都会得到粉丝的效仿。如果某个 IP 拥有者向观众推荐自己使用的优质产品，那么粉丝往往也会进行尝试，这些粉丝就是一个黏性极高的垂直消费群体。

IP 拥有大量的粉丝，品牌方则有着优质的产品，两者组合在一起，即品牌方能够借助短视频的内容吸引粉丝，IP 则通过与品牌方的合作获得巨大的收益。由此可见，“IP+ 品牌”就是合作共赢的。

2. 内容是 IP 变现的载体

IP 想要实现变现，就必须借助一定的载体，这个载体就是短视频内容。好的内容可以让变现更容易实现，因此，在制作短视频内容时，我们必须注意以下几点。

（1）找准定位

对于 IP 与品牌的合作，内容的定位十分重要。我们应该根据品牌的特性和需求给内容设置一定的门槛，尽量把符合自身定位的观众吸引进来，这样一来变现的精准度就提高了。

（2）制造话题

话题是连接品牌和观众的桥梁，一个好的话题能够让品牌得到更好的推广。制造话题的方式很多，可以是品牌故事、产品卖点、趣味段子等，也可以是当下的热点事件。此外，品牌方还可以参与到符合自身定位的话题中去，与观众积极互动，以便获得更多的曝光度。

（3）引起共鸣

内容最好能够引起观众的共鸣，这样才更能提高观众的购买率。因此，我们可以拍摄一些有趣的、正能量的内容，并在其中加入情感因素，让观众更加“走心”，借此为品牌或产品赋能。

3. 定位契合助力变现

一个 IP 的影响力是非常大的，这主要体现在其巨大的粉丝影响力和购买号召力上，从而为商品提供更多的销售渠道，甚至可以帮助商品实现品牌溢价。不过，IP 账号的运营者还需要注意以下事项。

（1）IP 和品牌之间要有关联性

每个 IP 都有自己的内涵和特点，因此，必须选择与其更加契合的品牌，使得 IP 账号发布的内容与品牌的产品保持一定的关联性，这样品牌才能够得到较好的推广，IP 才能更好地实现变现。

（2）IP 和品牌之间要有互动性

IP 通过短视频进行宣传推广之后，还需要和品牌保持互动，以便扩大内容的传播范围，使得流量实现最终的变现。

8.3 内容付费，通过提供优质内容获取报酬

如今，通过观看短视频，人们可以更加便捷地获得自己想要的知识和信息，因而，刷短视频已经成了很多人的日常消遣方式之一。这种情况也影响了内容付费模式的快速发展。事实上，已经有很多短视频创作者看到了内容付费这个商机，并通过短视频售卖课程实现变现。因此，内容付费也是非常值得我们去做的。

1. 短视频内容付费的优势

短视频的巨大流量吸引了一大批知识领域的创作者。他们把知识变成产品或服务，然后通过观众的购买，最终实现商业变现。如今，观众对内容付费的接受度越来越高，主要基于以下几个优势。

（1）价格优惠，消费者容易接受

商品的价格是影响消费者购买力的关键因素。相对于传统的教育培训产品，付费短视频的价格更加低廉。而且，传统的教育培训需要租用场地、聘任教师等，成本较高；付费短视频则一般只需要提前录制好，即可长期获利，成本较低。

（2）学习便捷，能够有效利用碎片化时间

付费短视频一般不受时间、地点的限制，观众利用手机便可以随时随地进行学习。

（3）内容有“干货”

付费短视频因受限于时长，往往用尽可能短的时间展示最实用的内容，所以“干货”十足。并且，单个短视频内容一般时长较短，能有效降低观众的学习难度。

2. 人人都可以成为内容服务商

许多短视频创作者认为，只有拥有非常过硬的专业能力或者在某个行业深耕多年的丰富经验才能去尝试做内容付费。其实并非如此，只要你有某一方面的特长，就可以把它变成付费短视频。比如，你是一位摄影爱好者，摄影只是你的兴趣，但在接触摄影的过程中你逐渐掌握了很多拍摄技巧，那么，你就可以把这些拍摄技巧制作成付费短视频。

所以，内容付费其实是适合所有短视频创作者去尝试的变现方式。无论你的账号属于哪个领域，如摄影、育儿、穿搭等，只要通过一个巧妙的切入点，就可以把你的知识、经验做成付费短视频，提供给有相关需要的人。

3. 好的付费短视频能实现稳定获利

内容付费依靠传授知识进行变现，所以，我们必须对某一领域的知识有足够的了解，这样才能制作出观众认可的短视频。除此之外，想要付费短视频获得更多观众的认可，我们在制作过程中还需要注意以下几个方面。

（1）内容要有针对性

内容付费涉及的领域很多，当前比较热门的领域有商业财经、外语学习、亲子教育等。我们应该从中找到自己擅长的领域，然后深耕下去，有针对性地吸引观众，从而实现变现。

（2）善于戳中观众的“痛点”

如果付费内容能帮观众解决生活中的某类具体问题，或者能快速提升他们的个人能力，就很容易吸引大量观众购买。

（3）内容尽量简单易学

对许多人来说，学习不是一件易事，不仅要克服自身的惰性，还需要充分调动大脑。如果付费内容过于难懂，观众肯定是没有耐心学习下去的。因此，付费内容必须做到简单易学、易上手、及时反馈、耗时短、单次信息量少等。

（4）打造个人 IP

IP 的魅力是巨大的，想要利用内容付费获得更多的流量，就必须打造属于自己的 IP，具体可以通过自媒体平台或第三方机构进行付费内容及个人 IP 的包装、设计和打磨。

总之，内容付费有着很大的发展空间，但从一开始的定位到成功实现变现是一个漫长的过程，谁能够精心地规划好每一步，谁就离成功更近。

8.4 短视频带货，通过售卖产品实现变现

当下，各个短视频平台不仅输出娱乐化的内容，还直接输出有关产品的内容。商家通过与优秀的短视频创作者合作，借助短视频这一载体来推介自己的产品，可以获得很好的推广效果；而短视频创作者利用自身的流量，通过短视频带货，将粉丝转化为消费者，以此获得可观的收益，可谓双赢的局面。

其实，短视频带货之所以可以成为变现的一种有效方式，主要有以下两个因素。

①购物更加便捷。创作者结合目标消费者的需求来制作内容，并将短视频精准投放给自己的目标受众。观众可以通过点击短视频下方的链接直接进入产品页面，完成加入购物车、下单等操作。

②流量转化率高。短视频平台作为新兴的电商，可以满足观众潜在的购物需求。据统计，国内短视频平台用户规模已超过 10 亿，在如此大的流量背景下，只要短视频推荐的产品足够优质，就能极

大地提高观众下单的概率，产生不错的转化效果。

正是基于这两个因素，短视频带货成为很多创作者变现的有效渠道之一。因此，我们一定要抓住短视频带货这个变现的途径。具体有以下这些注意事项。

1. 选对产品，获得高收益

有句话叫：三分靠运营，七分靠选品。短视频创作者在进行短视频带货前，需要针对自己账号的特点选择合适的商品，这样才能产生较好的转化效果，获得更多的收益。

（1）尽量选择“刚需”的产品

不同账号的受众不同，我们需要根据自己账号的属性精准掌握观众的需求，尽量选择能够满足观众“刚需”的产品，以便促成更多的订单。

> **“短”知识分享**
>
> 观众的“刚需”，是指在商品供求关系中受价格影响较小的需求，如观众在生活中必须要用的产品等。

（2）选择单价适中、利润高的产品

短视频平台不同于一般的电商平台，其娱乐属性要大于电商属性，观众更倾向于从中购买小件商品。因此，我们应尽可能围绕观众的诉求寻找一些单价适中、利润高的产品，从而获得更高的收益。

2. 找对产品供应方

决定好了卖什么产品，下一步就是寻找靠谱的产品供应方。通常，在货源渠道的选择上，我们主要考虑以下两个渠道。

（1）合作商家

通常，拥有一定粉丝量的账号，会有很多商家自动找上门来寻求合作。这对我们来说是好事，但一定要选择产品质量过硬、符合账号定位的商家进行合作。比如，商家产品的目标客户画像要和账号粉丝画像高度重合。

（2）工厂拿货

直接从工厂拿货可以跳过中间商，不仅货源充足，拿货价格相对较低，还可以灵活调配，库存压力较小。需要注意的是，我们在选择工厂拿货时，一是要选择运输便利的工厂；二是要选择实力较强的工厂；三是在确定合作后要和工厂负责人就订单量、生产周期、物流要求等以合同的形式明确下来，确保万无一失。

3. 做好展示，提高下单量

确定了产品和产品供应方后，我们就需要通过短视频把产品展示出来了。展示产品也是需要技巧的，可以说，产品展示得越好，观众下单的概率就越高。我们可以从以下两个方面来对产品进行包装。

（1）展示产品的独特功能

任何一款产品都有其功能性，当观众被产品的功能吸引时，下单的概率就会提高。因此，创作者在拍摄产品宣传短视频时，一定要对其功能进行重点展示，尤其是那些本身就具有趣味性和创意性或者自带话题性的产品。

（2）突出观众体验，用口碑赢得信任

产品好不好，不一定要自吹自擂，我们完全可以借助观众的真实体验来进行呈现。为了更好地呈现产品的口碑，我们还可以通过短视频展示消费者排队抢购、消费者满意的笑脸、店铺中的各种优质服务等场景画面。

通过以上这些措施，把产品优质的一面展示在观众面前，实现变现也就是水到渠成的事了。

8.5 平台变现，借助扶持活动实现自身成长

短视频发展至今，竞争日益激烈，各大短视频平台与创作者之间保持着共生共荣和互相依赖的关系。为了争夺更多观众，几乎每个主流的短视频平台都推出了自己的分成和补贴计划，以此吸引更多的创作者加入并生产出优质的内容，进而为平台带来更多的流量。

因此，作为短视频创作者，我们可以借助短视频平台的扶持项目实现变现，举例如下。

1. 抖音平台的扶持项目

抖音平台对创作者的扶持力度非常大，经常推出各种扶持项目，如“Vlog 10 亿流量扶持计划”“创作者成长计划”“微短剧经营扶持计划”等。借助这些扶持项目，创作者可以更好地实现涨粉和变现。

抖音为了扶持优秀创作者，还上线了手机客户端的“创作者

服务中心”，为创作者提供“数据看板”功能，以便创作者能及时掌握观众对作品的反馈。除此之外，抖音还推出了“创作者学院”，发布了平台规则、制作、运营、变现等一系列的指导课程。

因此，创作者在运营抖音账号时，要积极地参与这些扶持项目，跟着平台的脚步走，获得流量和变现的机会。

2. 快手平台的扶持项目

快手作为和抖音并驾齐驱的短视频平台，同样推出了很多扶持活动，如“创作者激励计划”“光合计划”等。

“创作者激励计划”几乎是一个零门槛的变现计划，粉丝数量超过 1 万即可申请，开通之后只要你的内容足够优质，系统就会自动根据创作者属性与作品内容，在短视频播放完后添加贴片广告，然后根据综合评估为创作者分成。

2024 年的“光合计划”则针对快手平台的优质潜力创作者提供 10 亿元现金激励、100 亿流量扶持，对二次元内容、“三农”内容等进行重点扶持。创作者每周都可通过该活动获得现金补贴和流量支持。

从以上举例内容可以看出，短视频平台的扶持项目主要是为了吸引创作者为平台创作大量的优质内容，构建平台的内容生态，以达到维护自身战略布局的目的。作为短视频创作者，我们完全可以借助平台的这些利好来实现自己账号的发展和变现。

8.6 出版变现，将知识转化为收益

出版变现是短视频创作者应用自身资质和经验写作、出版书籍，以售卖书籍获得盈利的变现方式，属于短视频的高效收益方式之一。不过，出版变现对创作者的素质和发行条件都有比较高的要求，并不是人人都能实现的。

通常，图书出版变现需要创作者在某一领域或行业有长期的从业经验，拥有一定的影响力或成果，并将经验或成果总结为文字。一旦成功出版图书，就可能带来较高的长期收益。

比如，某治愈系短视频账号，其每个作品都演绎了一则有趣温情的小故事，其中蕴含的人生哲理温暖治愈，受到很多观众的喜爱。其短视频内容在抖音平台受到几千万粉丝的喜爱，共获赞数亿。在账号获得巨大的粉丝量和影响力后，该账号的运营者结合 IP 的形象和短视频中的一些内容出版了一系列图书。由于该账号自身拥有众多粉丝，这些图书只要出版，就意味着拥有很多的潜在客

户，因此销量十分可观。

短视频账号通过出版图书实现变现的案例还有很多。比如，作为高校教育科研工作者的某位教授，利用抖音平台在短短一周内就火遍了全网。他精神饱满地展示了自己的才华、知识储备和价值观，获得了许多观众的喜爱。该教授走红之后，他的新书也获得了许多粉丝的支持，销量十分可观。

由此可见，短视频账号若有足够的影响力，在某个领域有足够的见解，就可以尝试图书出版变现这种方式。另外，创作者编写的图书如果能像短视频账号一样火爆，甚至还可以授权把图书改编成网剧、电影等，得到的版权收入也是非常可观的。

除了上述这些流量变现方式，还有一种终极变现方式，那就是直播带货，由于内容较多，我们放在下一章单独讲。

第 9 章

直播带货：短视频账号的终极变现方式

9.1 为什么短视频运营者要尝试做直播

几乎所有的短视频账号，最终的目的都是实现变现。那么，目前哪种方式的变现效率最高呢？答案就是直播带货。当下，各大短视频平台上的“大号”，大部分都是通过直播带货实现流量变现的。

因此，直播带货是很多短视频运营者变现的必由之路。如果你想通过运营短视频账号赚大钱，实现财务自由，就应该去尝试直播。直播做得好，可以给我们的账号带来非常多的好处。

1. 直播可以拉近与粉丝的距离

很多人喜欢看直播，是因为可以在直播间与主播、网友进行互动，自己发出的声音能够被更多人听见。作为主播，也可以在直播间和粉丝直接互动，一一回复粉丝的问题，甚至和粉丝进行连麦。直播提供了一个双向表达的机会，因而受到越来越多人的喜爱。

观众想通过观看直播进行购物时，不仅可以直接向主播询问关于产品的功能、发货时间和物流方式等问题，还可以表达自己对产品的观点。比如，在某直播间里，主播正在一边介绍雨伞，一边展示雨伞的功能。直播间的粉丝纷纷发弹幕："好用吗？""雨季快来啦！出游买它！"这样的互动，可以更好地打消粉丝的顾虑，增加其下单的概率。

2. 直播可以加强粉丝的黏性

所谓粉丝的黏性，就是粉丝的忠诚度，是指粉丝对某个账号、个人或内容的持续关注。直播是粉丝和自己喜欢的达人互动的一个良好渠道，通过这样"准面对面"的频繁互动，可以提高达人与粉丝之间的黏性，为后期的变现积累流量基础。

比如，某知名演员、歌手在抖音平台上的出道 40 年直播，全场直播时长大约 1.5 小时，获得了几亿人次的在线观看。他在直播过程中刻意把刷礼物的功能关闭，只为让粉丝多看自己几眼，自己也能更专心地和粉丝聊天，这一暖心举动进一步提高了粉丝的黏性。由此可见，直播对提升粉丝的黏性非常重要。

3. 直播带货是实现变现的最好方式

直播的门槛较低，几乎所有的短视频平台对直播都是鼓励的，你若愿意，便可以顺畅地开通直播功能。通过在直播间的讲解和互动，我们可以清楚地向观众介绍自己的产品和服务，尤其是再配合一些优惠活动，客户下单的概率就会大大提高。

比如，一个知识类短视频账号想要实现课程变现，首先，可以通过短视频授课的方式，推出定价9.9元的付费课或免费的试听课；然后，就需要把观众引入你的直播间，这样才有可能完成更多的流量变现，继续售卖更高价位的课程等。

“短”知识分享

对于一个账号来说，只要粉丝数量过千，就可以开始尝试直播了。对任何一个短视频平台来说，直播都是其强推的形式，只要你做得足够好，平台必然会把更多的资源向你倾斜。

需要注意的是，虽然开通直播很简单，但要想获得好的效果需要一个积累的过程。在直播的初期可能没什么人观看，这个时候要做的就是坚持，有了量的积累后才有可能在某一场直播中实现质的飞跃。

9.2 一场高质量的直播需要做哪些准备

在直播间中我们可以向观众传达主播个体、直播间布置、产品等相关信息，而这些信息都会对直播效果产生影响。比如，直播间布置得好坏、主播穿着是否得体等，都会影响观众的观感。

可以说，任何一场真正高质量、人气火爆的直播，都是需要提前做准备的。那么，具体需要做哪些准备呢？

1. 选好合适的直播场地

通常，大部分直播都是在室内进行的。直播间不需要太大，一般 8~20 平方米即可。如果是以团队的形式进行直播，直播间的面积则应该大一些，一般控制在 20~40 平方米就可以了。

当然，根据产品的不同，直播间的大小要求也会不同。比如，美妆类、首饰类产品的直播间面积相对来说小一些，家具类、服装类产品的直播间面积则要大一些。

直播间的环境也要达到一定的标准，比如，光线要明亮，视野要清晰，物品摆放要整洁，等等。直播时可以借助舒缓的 BGM 和柔和的灯光来烘托氛围，但 BGM 的声音不能太大，灯光也不宜太强烈，以免分散观众的注意力。

此外，如果直播间的空间比较大，则可以点缀一些装饰物，如挂件、盆栽等。如果是节假日，还可以摆放能够营造节日气氛的物品，比如，春节期间悬挂小灯笼，圣诞节期间摆放圣诞树，等等。

2. 选择合适的布景方式

直播间背景墙的设计要遵循简单、干净的原则。目前，主流的直播间布景方式有实景布景、绿幕抠图布景、LED 屏布景和 KT 板（泡沫板）布景等。

（1）实景布景

实景布景通常采用就地取材的方式，结合实体空间进行布置，搭配不同的空间装饰，可以营造出独特的氛围感。因为其真实感比较强，观众也更容易产生代入感，直播时可以适当虚化背景，突出主播和产品，以增强画面的层次感。

（2）绿幕抠图布景

很多商家和达人都采用这种布景方式，主要使用纯色系的背景布，直播时用绿幕软件分离出人像，与提前设计好的背景进行合成。这种方式成本低、更换简单，不过，主播人像的边缘会因为抠图出现模糊、层次感不够丰富等问题。

（3）LED 屏布景

用 LED 屏作为背景，内容可以随时更换，还可以配合主播讲解进行商品的动态展示，以提升营销氛围。需要注意的是，直播时屏幕的亮度要适中，以免影响直播的效果。

（4）KT 板布景

KT 板不仅可以作为背景，还可以用作道具，在上面通过直接书写来对产品信息进行补充，操作简单，可以营造出“卖场大促销”的感觉。其不足之处在于，视觉效果不够好，缺乏色彩感。

3. 提前做好直播预热

在直播之前，除了要注意以上两个方面，给直播做一做预热也是非常必要的，以便让更多人关注到你的直播信息，从而增加开播时的在线人数。

如何对直播进行预热呢？下面介绍三种方法。

①如果你的直播是在固定时段进行的，就可以在主页简介上写出来。如此一来，粉丝就能通过主页了解你的直播时间，并准时守候在你的直播间。比如，在元宵节来临之际，通过主页简介向观众展示元宵节当天每个时段的直播信息。

②发布专门的直播预告短视频。尤其是在未来一段时间内一些重要的直播，如名人做客直播间、某个节日的特殊优惠专场等，就可以通过发布短视频的方式提前公布相关信息，让粉丝提前关注并期待直播内容。

③进行付费推广。如果有条件的话，你也可以直接购买推广服务，让平台帮助你进行直播预热，以便大大增加直播间的人气。

9.3 掌握让粉丝积极下单的技巧

越来越多的消费者倾向于直播购物，其主要原因就是直播间的产品性价比极高，即人们可以花更少的钱买到货真价实的产品。虽然直播购物已经成了一种趋势，但并不是每个直播间都能实现高效的转化。因此，在直播的时候，我们还需要掌握一些技巧，尤其是产品促销方面的套路，这样才能让粉丝不断地下单。下面将介绍直播中促销的 8 个步骤，让你轻松掌握相关技巧，如图 9-1 所示。

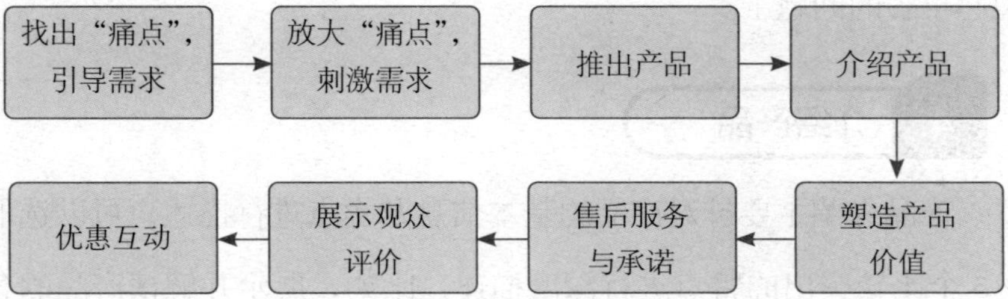

图 9-1　直播中促销的 8 个步骤

1. 找出“痛点”，引导需求

在直播开始的时候，我们可以向粉丝描述产品在生活中对应的具体场景，即观众的“痛点”。比如，下雨时总是因为雨太大打湿了裤脚；早上上班时间太早来不及做早餐；熬夜之后总是无精打采……先把这些“痛点”描述出来，引导观众产生需求。

2. 放大“痛点”，刺激需求

在描述完之后，可以把“痛点”放大，让观众产生共鸣，以此刺激观众对产品产生需求。比如，外卖容易引起食品安全问题，熬夜得不到能量补充会让身体越来越差，等等。

3. 推出产品

接下来，就要推出解决观众“痛点”的产品。比如：“早上起不来，来不及做早餐怎么办？不妨试试这个冻干粥，暖胃又便捷，只要用开水冲泡即可食用，还有多种口味可选，以后上班再也不用担心早餐的问题了。”

4. 介绍产品

产品介绍主要针对产品的基本信息及卖点进行描述，可以选取1~3个比较突出的特点进行深度描述。比如，展示并解读产品的各种成分，试吃、试用并描述自己的感受，以获得观众的信任。

5. 塑造产品价值

塑造产品价值也就是提升产品的价值。比如，针对产品成分中的“天然成分”这一特性进行价值塑造，可以这样说：“该产品是多种天然成分的结合，营养全面，安全又放心。”

6. 售后服务与承诺

消费者购买产品时往往很在意售后服务的好坏，如果在直播的时候向观众承诺七天无理由退换货，不好吃、不好用的话原价赔偿，可以在一定程度上消除消费者的顾虑，提高其下单的概率。

7. 展示观众评价

消费者对产品的评价也是影响观众下单的重要因素，如果能将消费者对产品的好评以及在某平台的高销量展示出来，就可以进一步激发观众购买的欲望。

8. 优惠互动

只口头描述自己的产品如何优质远远不够，如果产品的性价比不高，观众也不会轻易下单。到了这个环节，我们可以推出一些优惠活动，比如，限时限量、在直播间下单享受 8 折优惠、点击屏幕抢满减券等，可以极大地提高观众的购买意愿。

9.4 时刻把控直播的节奏

直播需要良好的氛围，这非常考验主播的场控能力，因此，把控节奏是每一个主播需要掌握的技能。一般来说，我们可以通过以下三个方面来进行直播节奏的把控，并在直播过程中持续优化，形成较好的直播效果。

1. 暖好场，把观众引进来

在直播刚开始时，观看人数较少，这时的氛围往往不够活跃，这就需要主播想办法让在线的粉丝多提问题，或者让粉丝帮忙转发，把更多的人吸引进来。

除此之外，我们还可以利用一些推广工具为直播助力，比如，在抖音平台进行直播的时候，就可以通过买“DOU+”，为直播预告短视频增加热度，从而吸引更多的人涌进直播间，让直播间逐渐变得热闹起来。此时，主播要做的就是尽量让进来的人留在直播间，比如，吸引他们加入粉丝团，请求送个“灯牌”，等等。

> **“短”知识分享**
>
> “DOU+”是为抖音创作者提供的短视频助推工具，能够提升短视频的播放量，影响互动量，增加内容的曝光度。购买“DOU+”之后，系统会把你的短视频推荐给更多的人，从而增加曝光的机会。

2. 多互动，带动直播气氛

直播不是一个人的演讲，好的直播需要能够随时随地和粉丝互动，甚至是产生共鸣。有些主播在直播间讲得精彩绝伦，内容也很有价值，却很少有人听，也没有几条评论，其中很重要的原因就是忽略了在直播过程中与粉丝的互动。

互动率一定程度上决定了直播间的人气，因此，作为主播，在直播的时候一定要提升与粉丝的互动率。比如，针对粉丝的问题，可以有选择性地进行回复；或者向粉丝提问，提醒粉丝点一波赞，等等。

日常发布的短视频因时长有限，只能体现一部分人设，而直播互动可以让你的人设更加丰满和立体，在互动的过程中，粉丝可以感受到一个真实的你，从而拉近彼此之间的距离。比如，在直播互动的过程中，如果你直接念到某位粉丝的问题或评论，会给对方一种被关注的感觉。这样的互动越多，与粉丝的距离就会越近。

直播互动很重要，但要真正做好就需要不断地学习。如果你还不知道怎样改善自己的直播互动效果，不妨一起来学习以下这些互动的话术和技巧。

（1）暖场互动话术

直播时的暖场互动很重要，足够激情或吸引人的开场白往往更能吸引观众的注意。因此，主播必须掌握一些暖场互动话术。比如，可以在开场时用充满热情的肢体动作表达对直播间粉丝的欢迎，之后可以与粉丝进行一些互动，如“欢迎 ××× 进入直播间”“××× 的留言实在是太对了”等，以活跃直播间的气氛。

> **“短”知识分享**
>
> 在直播之前，可以事先安排好“气氛组”，如果直播时人数较少，就可以请“气氛组”上场，帮直播间活跃气氛。当然，“气氛组”只是用来活跃气氛的，而不能用来欺骗粉丝。

（2）利用福袋炒热气氛

发福利是直播间极具吸引力的互动方式之一。在直播时，主播可以设置相关的福袋，如“家人们，5 分钟后将有福袋抽奖，千万不要错过哦”“每过 10 分钟，直播间将抽取一名粉丝，赠送一套试用产品”等。

（3）多和熟悉的粉丝打招呼

每个直播间都有一批忠实的粉丝，直播时如果看见这样的粉丝进行了点赞、留言，我们可以主动和他们打招呼。尤其是那些一直活跃在直播间的忠实粉丝，他们对提高直播间的热度起着非常重要的作用。因此，尽可能地记住那些经常来直播间的粉丝，在每次直播时，跟这些熟悉的粉丝打招呼、聊聊天，可以进一步提高他们的黏性。

（4）及时解决粉丝的疑惑

在直播的过程中，回答粉丝的问题、解决粉丝的疑惑也是一种很好的互动方式。比如，讲解完产品后，可以主动地向粉丝询问："听懂的家人们请扣个 1，没有听懂的家人们请扣个 2……"然后针对问题再进行回复。

3. 卖出去，安排优惠活动

某种程度上来说，能卖出去产品的直播才是成功的直播。这里我们可以给观众安排各种优惠活动，营造积极下单的氛围。

（1）给出优惠价格

在展示产品价格的时候，可以先公布产品的日常价，使之与直播间里的产品价格形成对比，这样观众就可以直观地感受到直播间的优惠力度。比如，主播可以说："某某洗发水平时价格 399 元，今天直播间优惠价只要 299 元，还赠送小瓶，家人们千万不要错过……"

（2）限定优惠时间

优惠必须是有时效性的，这样才能在直播间实现更高的成交率。比如，主播可以说："优惠活动只限今晚下播前，之后价格将会恢复原价。"这样可以给粉丝营造一种紧迫感，从而刺激他们的购买意愿，提高直播间的下单率。

（3）限定优惠名额

只要是真正优惠的好产品，粉丝基本都会抢着下单。为了提高粉丝下单的热情，我们可以将产品分批次地在直播间上架，并对购买数量或名额进行限制，营造稀缺感，以便激发粉丝的购买意愿。而关于产品上架数量和购买名额的具体限制，则可以根据直播间的人数灵活设定。

9.5 正确对待直播间打赏行为

直播不仅仅是卖货，如果粉丝对主播的表现很满意，甚至是钦佩主播的才华，还可以在直播间直接进行打赏。所以，对于任何一位主播来说，如果能够有效地利用直播间的打赏功能，就可以获得不错的收益，让变现又多了一个渠道。

所谓直播打赏，是指粉丝在观看主播直播的过程中，在直播平台上充值购买各种虚拟的礼物，并自愿打赏给主播。

那么，如何才能获得粉丝的打赏呢？这就需要主播具备一定的语言和表演才能，还要有一定的人格魅力，这样粉丝才会有花钱购买虚拟礼物进行打赏的意愿。作为主播，我们应该了解以下这些打赏的机制和技巧。

1. 直播打赏的分成机制

不同短视频平台打赏的机制会略有不同，但大体来说都是差不多的，都是通过虚拟的礼物进行打赏，只是这些虚拟礼物都是需要观众花钱购买的。就拿抖音平台来说，其打赏的礼物价格设置从 1 抖币到上万“钻石”不等。“钻石”是抖音专属的虚拟货币，1 元钱可以换 10 个“钻石”。

由此可见，如果有大量粉丝进行打赏，这个收益是非常可观的。不仅平台有收益，主播也可以获得一定的分成。打赏分成的机制通常都是平台与主播五五分成。不过，如果主播选择加入工会并与之签订合同，分成比例则会根据双方的协商决定。

2. 不要刻意要求打赏

任何主播都希望获得粉丝的打赏，毕竟这是一个很好的变现途径。但是作为直播带货的主播，更重要的是向观众讲好产品，促使观众下单，如果刻意在直播间要求打赏，很可能会引起粉丝的反感。粉丝一旦对主播产生不好的印象，就可能会选择退出直播间，甚至是拉黑，这样一来反而得不偿失。

> **“短”知识分享**
>
> 主播在直播的过程中，要保持直播间良好的氛围。粉丝打赏礼物虽然是自愿行为，但如果打赏形成了攀比的不良风气，主播就要及时地进行处理，以缓解紧张的气氛。

所以，我们要谨记，粉丝是基于喜爱才为主播打赏礼物的，这是自发的行为，如果刻意地要礼物，很可能会让粉丝产生反感情绪。

3. 提升魅力，获得粉丝更多的认可

想要通过打赏获得更多的收益，一定不能急于求成。我们应该把眼光放得长远一些。比如，我们可以先把内容做好，练就好的口才，改善自己的形象，展示自身的魅力，从而吸引更多的粉丝。

又如，我们可以提升自己直播的专业度，适当展示一些与直播有关的才艺，这些都能提高粉丝对你的喜爱程度。

再如，我们可以在直播时与粉丝高情商地聊天，尽可能地引起粉丝的共鸣，从而促使粉丝在你的情绪感染下进行打赏。

4. 真诚地感谢粉丝的打赏

如果粉丝对主播进行了打赏，却得不到主播的反馈，就很容易影响粉丝的情绪。因此，对于粉丝的打赏行为，主播一定要及时回应。比如，说出粉丝的昵称并对粉丝的打赏表示感谢；或者设置一些奖励，粉丝的礼物达到一定额度就可以加入专属粉丝群，群内会不定时分享信息和发放红包，等等。这些措施都能在一定程度上激励粉丝的打赏行为。

此外，虽然很多短视频平台规定未成年人不能打赏，但仍然有不少未成年人钻空子打赏礼物。作为主播，我们必须坚守责任和底线，及时制止这种行为，不要为了获得打赏而失去良知和底线。